创新政策:理论、机制与实证研究

姜彩楼 著

本书由中国博士后基金特别资助项目(2016T90436)资助

科学出版社

北 京

内 容 简 介

创新政策的理论基础、影响机制和实施效果对于学术研究和实践工作具有重要意义。在理论层面，本书从"导向-目标"视角对创新政策工具进行分类，梳理供给侧创新政策和需求侧创新政策的作用机制，以及绿色技术创新的内涵。在实证层面，本书检验政府补贴、扩大内需和自主研发对中国工业企业创新的影响，以及政府购买、在华外资研发对区域创新的影响，检验我国高新区的技术赶超机制及动力，研究全球化视角下创新集群的演化路径。从微观层面看，本书的研究结论有助于理解创新政策的作用机制和效应；从宏观层面看，能够为国家和区域制定新兴产业发展战略和新兴技术发展战略提供参考和启示。

本书可供高等院校和科研机构从事创新政策研究的教师、研究生和专业研究人员借鉴，也适合政府科技管理部门的管理人员、创新创业领域的企业管理者及对创新政策感兴趣的各类读者阅读、参考。

图书在版编目（CIP）数据

创新政策：理论、机制与实证研究 / 姜彩楼著. —北京：科学出版社，2019.3

ISBN 978-7-03-060891-8

Ⅰ. ①创… Ⅱ. ①姜… Ⅲ. ①科技政策－研究－中国 Ⅳ. ①G322.0

中国版本图书馆 CIP 数据核字（2019）第 050340 号

责任编辑：王腾飞 沈 旭 石宏杰 / 责任校对：樊雅琼
责任印制：张 伟 / 封面设计：许 瑞

科 学 出 版 社 出版
北京东黄城根北街 16 号
邮政编码：100717
http://www.sciencep.com

北京凌奇印刷有限责任公司 印刷
科学出版社发行 各地新华书店经销
*

2019 年 3 月第 一 版　开本：720×1000　1/16
2021 年 3 月第三次印刷　印张：10
字数：201 000
定价：89.00 元
（如有印装质量问题，我社负责调换）

前　言

在新一轮国际经济竞争中，发达国家为了应对技术和市场竞争，通常对新兴产业创新进行政策扶持，如美国、德国和日本制定了政策框架，实施研发计划以促进新兴产业创新。除了研发推动以外，从需求侧促进创新也引起了学术界和政府的高度关注，其机理在于增加创新需求以促进创新或加速创新扩散。改革开放以来，中国经济高速发展，已经形成较大的经济规模和产业体系，从理论上厘清创新政策的作用机制，并从企业、产业和空间视角检验创新政策的效应，对于发现中国创新驱动发展路径，促进经济转型升级具有重要的意义。

本书的第1章和第2章为基础理论部分。这一部分从"导向-目标"视角对创新政策工具进行梳理，分析供给侧创新政策和需求侧创新政策的作用机制，介绍情境变量的调节效应。绿色技术创新是创新政策应用的重要领域，本书介绍绿色技术的内涵、分类与绿色技术创新系统，以及环境政策工具与生态环境创新的关系，并对绿色增长方式和绿色增长绩效进行研究。

第3~8章为实证部分。本书采用面板数据模型检验政府补贴对新能源汽车企业创新的影响，扩大内需对中国工业企业创新的影响，以及政府采购对区域创新的影响，采用面板数据模型和 Luenberger 指数检验自主研发对中国工业能源效率的影响。在区域层面，采用随机前沿函数检验区域研发效率及其影响因素,采用面板数据模型检验在华外资研发对区域创新效率的影响。

在实证研究中发现,政府补贴能够直接增加新能源汽车企业研发投资支出,并促进新能源汽车企业发明型专利的产出;市场需求显著促进了中国工业技术创新和产品创新,扩大投资容易对技术密集型的新产品产生挤出效应并抑制技术创新,工业研发投入对新产品和新技术的促进效应非常显著;政府采购有效促进了本土创新过程中的研发,国内私人需求、国外市场需求和研发投入也有效促进了本土创新。

针对自主研发与中国工业能源全要素生产率(total factor productivity, TFP)的研究表明,企业研发支出促进了能源全要素生产率,而政府研发支出抑制了能源全要素生产率,资本积累起到了抑制作用,而资本深化起到了促进作用;我国区域研发效率整体上呈现前期低、后期高的趋势,处于不断上升区间,在空间上具有东部高、中西部低的特征;外资研发投入与知识创新和专利创新均具有显著的正相关,与产品创新具有显著的负相关,外资研发投入的增加有利于科技人员研发效率的提升,但是对国内研发资本投入效率具有抑制作用。

第 9~11 章对我国高新区发展和创新集群演化进行研究。本书认为高新区全要素生产率的改善主要是由资本深化推进的,高新区长期沿用的资本集聚战略对全要素生产率的改善起到了抑制作用,专业化集聚、高新区之间的技术差距和增长差距对高新区技术赶超产生了不同程度的影响;从全球价值链和全球技术链视角提出创新集群演化路径,从推进力、吸引力和自组织力视角提出创新集群演化动力模型；采用国际样本，检验全球工资与制造业集聚的关系，以及研发投入与纳米论文产出的关系。

创新政策与创新驱动发展密切相关，希望本书的出版，能够为读者理解创新政策提供一些有益的视角和观点，为创新驱动发展提供理论参考。

在本书的写作过程中，得到了各位师长、各位学界同仁广泛的关心和支持，谨致谢意。由于时间紧迫，本书可能存在一些不足，恳请广大读者和各位学界同仁予以批评指正。

姜彩楼

2018 年 11 月

目 录

前言
第1章 创新政策作用机制文献回顾 ·· 1
  1.1 "导向-目标"视角下的创新政策工具分类 ···················· 1
  1.2 供给侧创新政策的作用 ·· 2
    1.2.1 研发的财政激励政策 ·· 2
    1.2.2 技术推动政策 ·· 4
  1.3 需求侧创新政策的作用 ·· 5
    1.3.1 市场需求 ·· 6
    1.3.2 政府采购 ·· 7
    1.3.3 规章制度 ·· 9
  1.4 情境变量的调节 ·· 10
    1.4.1 知识 ·· 10
    1.4.2 吸收能力 ·· 11
    1.4.3 大学机构 ·· 11
  1.5 本章小结 ·· 12
第2章 绿色创新主要研究脉络进展 ·· 14
  2.1 绿色技术的内涵与分类 ·· 15
    2.1.1 绿色技术的内涵 ·· 15
    2.1.2 绿色技术的识别与分类 ······································ 15

         2.1.3 绿色技术创新系统 ································· 16
   2.2 生态环境创新及影响因素研究 ························· 17
         2.2.1 生态环境创新的内涵 ····························· 17
         2.2.2 环境政策工具与生态环境创新 ················· 17
         2.2.3 组织战略与生态环境创新 ······················· 18
   2.3 绿色增长研究 ··· 19
         2.3.1 绿色增长方式对能源绩效的影响 ············· 19
         2.3.2 绿色增长绩效的测度 ···························· 20
   2.4 本章小结 ··· 21

第3章 政府补贴对新能源汽车企业创新的影响 ············· 24
   3.1 文献回顾 ··· 25
   3.2 模型与数据 ·· 27
   3.3 实证检验 ··· 31
   3.4 本章小结 ··· 33

第4章 扩大内需与中国工业企业创新 ·························· 35
   4.1 研究背景 ··· 35
   4.2 理论假设 ··· 38
   4.3 实证结果与分析 ·· 42
         4.3.1 模型与数据 ·· 42
         4.3.2 结果分析 ··· 44
         4.3.3 对市场激励机制的检验 ························· 49
   4.4 本章小结 ··· 51

第 5 章 政府采购与区域创新 ·················· 53

5.1 研究背景 ·················· 53
5.2 我国政府采购的演变 ·················· 56
5.3 实证结果与分析 ·················· 60
5.3.1 模型与数据 ·················· 60
5.3.2 结果分析 ·················· 61
5.4 结论与建议 ·················· 64

第 6 章 自主研发对中国工业能源效率的影响 ·················· 66

6.1 中国工业能源效率测度 ·················· 67
6.1.1 方法与数据 ·················· 67
6.1.2 中国工业能源效率的变动特征 ·················· 69
6.2 基于内生模型的动态检验 ·················· 71
6.3 本章小结 ·················· 76

第 7 章 我国区域研发效率及其影响因素 ·················· 78

7.1 模型与数据 ·················· 79
7.2 实证结果分析 ·················· 81
7.3 结论与建议 ·················· 86

第 8 章 在华外资研发是否促进了区域创新——基于省级面板数据的实证研究 ·················· 88

8.1 文献述评 ·················· 89
8.2 模型与数据 ·················· 90
8.3 结果分析 ·················· 92
8.4 本章小结 ·················· 97

第9章 中国高新区的技术赶超机制及动力检验 …… 99
　9.1 概述 …… 99
　9.2 中国高新区技术赶超的主要特征 …… 102
　9.3 中国高新区技术赶超的影响因素检验 …… 105
　　9.3.1 模型设定 …… 105
　　9.3.2 结果分析 …… 108
　9.4 本章小结 …… 113

第10章 全球化视角下创新集群的演化路径 …… 115
　10.1 研究背景与理论框架 …… 115
　　10.1.1 集群内涵的演化 …… 116
　　10.1.2 全球价值链的演化 …… 117
　　10.1.3 全球技术链的形成 …… 118
　10.2 创新集群的协同演化路径 …… 119
　10.3 创新集群演化的动力模型 …… 121
　　10.3.1 自上而下的推进力 …… 122
　　10.3.2 自下而上的吸引力 …… 123
　　10.3.3 集群内部的自组织力 …… 123
　10.4 政策启示 …… 125

第11章 全球制造业集聚与纳米知识网络分布 …… 126
　11.1 全球制造业集聚的空间规律 …… 127
　11.2 纳米知识网络的空间分布 …… 129
　11.3 本章小结 …… 131

参考文献 …… 132

第 1 章 创新政策作用机制文献回顾

1.1 "导向-目标"视角下的创新政策工具分类

随着创新对经济发展的驱动作用越来越明显，不同种类的创新政策工具开始涌现，对创新政策工具作用的评估逐渐成为学术界和各国政府关注的焦点。Edler（2016）将创新政策工具分为供给侧和需求侧两大类。同时，考虑创新政策工具的目标导向，还可以分为增加研发、提升技能、加强创新需求、改进政策结构 4 类，如表 1-1 所示。

表 1-1 创新政策工具分类

创新政策工具	导向		目标			
	供给侧	需求侧	增加研发	提升技能	加强创新需求	改进政策结构
研发的财政激励政策	●●●		●●●	●○○		
技术推动政策	●●●			●●●		
刺激私人创新需求的政策		●●●			●●●	
政府采购		●●●		●●○	●●●	
规章制度	●●○	●●○			●○○	●●●

注：●●●表示主相关；●●○表示适度相关；●○○表示较少相关。
资料来源：参考 Edler 和 Fagerberg（2017），结合本书研究内容进行了调整。

从表 1-1 可以看出，创新政策的目标并不是单一的。大多数国家会采用研发的财政激励政策，以增强企业研发能力与技术水平。考虑到企业创新能力的持续性需求,技术推动政策对企业创新的提升作用也不可忽视(Edler and Fagerberg,2017)。因此,技术推动政策也逐渐成为广受欢迎的供给侧创新政策。近年来,许多发达国家推出需求侧创新政策来激励企业创新,受到了学术界的广泛关注,如 Guerzoni 和 Raiteri(2015)发现供给侧的财政补贴政策对企业创新的作用不够显著,而作为需求侧的政府采购却更加有效。此外,还有刺激私人创新需求的政策也发挥着显著的作用。就规章制度而言,在企业创新的供给侧和需求侧都能形成激励效应。

1.2 供给侧创新政策的作用

1.2.1 研发的财政激励政策

目前,对企业研发进行财政激励是政府经常采用的政策手段。其中,研发补贴和税收抵免是最为常见的财政政策工具。

1)研发补贴

许多学者发现研发补贴对企业创新具有显著的积极作用。Almus 和 Czarnitzki(2003)使用非参数匹配方法,对德国东部地区所有公共研发计划平均因果效应进行分析,发现相较于无财政补贴的企业,获得财政补贴会使企业的创新活动增加4个百分点。Bronzini 和 Piselli(2016)评估了意大利北部地区在 21 世纪初实施的研发补贴计划,发现相较于大公司,研发补贴计划对小公司申请专利的促进作用更显著。Guo 等(2016)采用中国制造业 1998~2007 年的面板数据,比较有创新基金支持和没有创新基金支持的科技型中小型企业的创新产出情况,发现有创新基金支持的科技型中小型企业拥有更高技术含量和商业化价值的创新产出。

虽然大量研究显示研发补贴对企业创新具有促进作用,但是也有研究表明研发补贴会抑制企业创新。例如,Wallsten(2000)指出政府研发补贴与企业研发投入之间存在替代关系,即政府每增加1单位的研发补贴,企业会相应减少1单位的研发投入。Montmartin和Herrera(2015)以1990~2009年25个经济合作与发展组织(Organization for Economic Cooperation and Development,OECD)成员国为样本,采用动态空间面板分析方法,发现政府直接补贴对企业研发投入的作用存在非线性作用,可能出现杠杆效应与挤出效应。余泳泽(2011)采用空间面板计量方法研究创新要素集聚、研发补贴与我国科技创新效率的关系,发现政府研发补贴对企业科技创新效率具有负影响,但是对科研机构和高校创新效率的影响具有不确定性。

2)税收抵免

作为创新激励的另一种重要工具,税收抵免也被世界各国政府广泛使用。众学者对税收抵免展开了深入研究,研究结果具有较大的分歧。Hall和Reenen(2000)通过分析OECD成员国的税收制度对用户研发成本的影响,并结合美国等国税收制度对研发行为的影响,指出在不完整信息状态下,1美元的税收抵免会增加1美元的私人研发。Becker(2014)对关于增加私人研发投资的公共研发政策有效性进行了系统性分析,发现研发补贴和大学研究、高技能人力资本和研发合作通常会增加私人研发投资,税收抵免对企业创新的作用也是正向的,特别是对于那些更容易受到金融约束的小型企业。Bérubé 和 Mohnen（2009）对同时接受税收抵免和研发补贴的加拿大公司进行研究，发现这些公司在新产品创新方面要优于那些仅接受研发补贴或税收抵免的企业。也就是说，研发补贴与税收抵免这两类政策工具结合使用，对企业创新的激励效果会更好。

然而，也有一些研究发现税收抵免并不能促进企业创新。Mansfield 和 Switzer（1985）对加拿大研发企业进行调查，发现 13200 万美元的联邦税收优惠只增加 3000 万美元研发资本，没有达到对企业创新的预期激励效果。吴秀波（2003）分析了我国政府税收激励对研发投资的影响，发现政府税收抵免对企业研发投资的作用不显著。

1.2.2　技术推动政策

技术推动政策对企业创新的作用越来越受到学者的关注。目前，学术界对技术推动政策的作用持两种不同的观点。

第一种观点认为技术推动政策对企业创新有积极的作用。例如，在环境技术创新方面，Taylor 等（2005）对"发电厂的二氧化硫控制技术"进行分析，发现技术推动政策会对创新产生激励作用，但是技术推动政策在促进环境技术发明效率方面似乎低于需求拉动的作用。Horbach（2008）发现大多数环境问题固有的负外部性致使环境技术的相对竞争力处于不利地位，但是通过实施技术推动政策，可以缓解私人部门研发投资不足的状况，并且降低研发风险，从而提高环境技术创新能力。

第二种观点认为技术推动政策不能促进创新产出。Peters 等（2012）

使用太阳能光伏电池作为研究案例，收集 1978～2005 年 15 个 OECD 成员国的面板数据，分析技术推动政策和需求拉动政策对企业创新的不同影响，发现技术推动政策不会在国内产生创新溢出效应，而需求拉动政策会在国家之间产生显著的创新溢出效应，这容易影响决策者扩大国内创新市场，制定超国家的需求拉动计划。

有些学者对技术推动政策的作用进行了批判，提出技术推动政策未能考虑市场条件，而需求拉动政策忽略了技术能力，认为技术推动政策需要与需求拉动政策相结合，一起来发挥作用。例如，Mowery 和 Rosenberg（2006）通过回顾分析关于创新激励政策的文献，对"市场需求是创新过程的主导力量"的观点进行了批判，指出技术推动政策和需求拉动政策对于创新的作用都是必要的，并且两者必须同时存在。Kleinknecht 和 Verspagen（1990）重新阅读 Schmookler 的 *Invention and Economic Growth*，发现统计上的不足，因此采用不同方法对 Schmookler 研究的横截面结果进行了重新估计，发现需求和创新之间的系数较低（但依然显著），强调了技术推动政策和需求拉动政策互相结合的重要性。

1.3 需求侧创新政策的作用

Schumpeter（1939）认为，企业在占据市场垄断地位并获取超额利润时，会集中力量不断创新。因此，政府必须采取一些需求侧创新政策工具，增强市场创新需求，促进创新产品成功市场化，激励企业创新。需求侧创新政策主要集中在市场需求、政府采购和规章制度 3 个方面。

1.3.1 市场需求

早期 Rothwell 和 Zegveld（1981）强调市场需求是政府用于触发技术创新的最重要的手段。Berthon 等（1999）肯定了市场需求在企业创新中的作用，认为过于密切地听取客户需求可能会损害企业创新绩效。

近年来，市场需求对创新的作用研究有了新进展。Adner 和 Levinthal（2001）发现需求对企业创新有积极影响，他们认为拥有国内外客户的企业面临更大的市场多样性、更多样化的客户需求。作为回应，这类企业可能需要发展专门的技术能力，适应不同的制度环境，使企业有更好的机会建立丰富多样的知识基础，并通过创造新的知识组合来创造更好的创新机会（Cohen and Levinthal，1990）。Lin 等（2013）收集了越南摩托车行业四大龙头企业的 208 份有效问卷，发现市场需求与绿色产品创新和企业财务绩效之间都呈正相关关系。Xie 和 Li（2015）从知识转移与整合的角度，基于 8529 家中国汽车及零部件制造商的数据，发现在国内外市场上具有竞争性的公司表现出的创新绩效最佳，具有较强吸收能力的公司能够更好地克服市场分离带来的困难，并从市场多样化中受益。Gambardella 等（2016）认为用户也是产品与服务创新的重要来源，创新型用户最初通过满足自己的内部需求进行创新，然后当创新者之外的用户对创新产生兴趣时，会引发开放式的用户协作创新，最后创新信息点对点地免费传递给创新者之外的用户。用户创新范式与生产者创新范式（即从市场搜索、研发、生产制造到市场扩散）互相影响，生产者为用户创新提供支持，用户为生产者提供创新信息的扩散。

有学者也提出了一些相反的观点。Nemet（2009）认为，尽管需求侧创新政策足以刺激需求，但其长期不确定性仍会削弱对创新的激励作用，因为有可能需要好几年才能得到回报。孙晓华和李传杰（2009）基于市场需求与技术创新互动的内在机制，对我国 37 个工业行业 2016 年的数据样本进行实证研究，进一步发现市场需求与技术创新之间存在内生关系，市场需求对技术创新的激励作用并不显著，而技术创新对市场需求的激励作用却相当显著。Weng（2012）发现若使用外部创新者战略，随着行业中企业数量的增加，如果市场需求是严格凸性的，则对企业创新的激励增加；如果市场需求是严格凹性的，则对企业创新的激励减少；如果市场需求是线性的，则对企业创新的激励不变。

1.3.2 政府采购

政府采购是世界各国普遍采用的激励企业创新的政策工具。对于政府采购与企业创新关系的研究，众学者的观点较为一致。Aschhoff 和 Sofka（2009）以德国 1100 家企业的数据作为样本，对政府采购和大学知识溢出对企业创新的作用进行了实证分析，结果表明两者对企业创新有积极影响，尤其能提升小型企业及资源有限的企业的创新绩效。Ghisetti（2017）根据欧洲联盟（以下简称欧盟）28 个成员国及瑞士、美国的企业数据，采用非参数匹配技术，发现创新性的政府采购在环境创新方面具有关键性的作用，说明政府采购能够帮助国家获得与竞争力目标相适应的低碳、可持续的增长路径。王铁山和冯宗宪（2008）分析了政府采购促进企业创新的内部要素（资金、风险、能力要素）和社会环境要素(社会导向、市场需求、产业竞争要素),并结合美国的案例,进一步阐述了企业内部三要素对企业创新的推动作用及社会环境三要素对企业创新的拉动作用。

Edler 和 Georghiou(2007)认为,通过政府购买创新产品的方式,政府可以向市场发出积极的信号,使政府采购向私人市场蔓延,并推动创新的传播,同时激励当地生产商面对先进需求带来的技术挑战,提升自身技术创新能力。然而,如果创新产品只能满足一种特殊需求(如军事需求),政府采购将通过市场机制进一步限制其他新产品的开发。Lichtenberg(1989)指出如果继续按要求提供资金,战略防御计划(strategic defense initiative,SDI)将进一步减少美国企业研发投资,大幅度削弱美国企业竞争力。总体上,军事研发对美国经济的贡献微乎其微,SDI 的技术特性显示其贡献会更小。

为了解决这类特定需求的风险,更大程度地发挥政府采购对创新的激励效果,Edquist 和 Zabala-Iturriagagoitia(2012)提出了创新导向型政府采购,包括前商业化采购、创新追赶型采购和创造性采购 3 种类型,并以瑞典 X2000 摆式列车、AXE 电话交换机、走廊灯(瑞典政府能源效率计划)、瑞典政府冰箱采购、公共安全无线网络和广播式自动相关监视(ADS-B)项目 6 个政府采购案例,证明创新导向型政府采购有助于满足人们的需求并解决公共性问题。许鑫和丁云龙(2013)基于创新政策、政府采购与创新导向型政府采购之间的理论关系,论证了创新导向型政府采购可以引导技术创新,并通过区分传统政府采购与创新导向型政府采购,认为创新导向型政府采购能够从创造市场需求、协调市场失灵及促进共性基础技术研发方面引导技术创新。

1.3.3 规章制度

规章制度指的是公共当局和政府机构执行规则以影响私人行为者在经济中的行为。Palmberg（2004）基于芬兰的创新数据，研究各行业创新来源的多样性及它们被吸收转化成商业化创新的方式，发现环境问题和法规标准比技术突破和公共研究计划更能激励创新。Ju 等（2013）以中国 1998～2006 年 30 个省份的面板数据为基础，采用改进的 Griliches-Jaffe 知识生产函数，研究法规对环境创新的影响，发现严格的法规对环境创新有显著的积极影响。Li 等（2018）基于 2008～2014 年中国百强上市公司数据，在探讨质量管理对企业绿色技术创新的影响及环境法规的调节作用时，发现环境法规大幅度降低了质量管理对绿色管理创新和绿色技术创新的负面影响。

Bauer 和 Shim（2012）以 1997～2010 年 32 个国家为样本，运用广义矩估计（generalized method of moments，GMM）模型，分析了信息通信技术行业的行业法规与该行业创新的关系，研究结果表明，行业法规越严格，越限制创新。Bradley 等（2013）收集了 1980～2002 年美国国家劳工关系委员会（National Labor Relations Board，NLRB）的工会投票选举结果，基于局部外生变量"小部分人是否通过工会投票的选举"，采用不连续性回归分析方法，研究工会对企业创新的影响，结果显示通过工会投票的企业随后三年的专利数量和质量（分别用专利数量和专利引用数量衡量）分别下降了 8.7%和 12.5%。

此外，还有学者发现规章制度对创新活动的作用具有不确定性。Viscusi 和 Moore（1993）指出在行政管理方面，特别是产品安全等责任规则方面，低等水平和中等水平的责任对产品创新有积极影响，而高等水平的责任对产品创新有负面影响。Blind 等（2004）对 250 家欧洲公司进行了调查，分析了监管对创新的影响，发现保护免责声明、增加消费者和用户对新产品的接受度等法规对创新可能产生显著的促进作用，而增加劳动力和开发成本等法规对创新可能产生负面影响。

1.4 情境变量的调节

创新政策工具的作用还受到情境变量的影响。影响创新政策作用的变量可分为 3 类，分别为知识、吸收能力及大学机构。众学者对这 3 类变量的研究结论较为一致，认为这 3 类变量对企业创新起到积极的作用。

1.4.1 知识

知识在创新中扮演了重要角色。知识的特性和来源影响了技术变化的速率、方向，以及创新活动和生产活动的组织。考虑到企业研发活动对于外部知识的共同依赖，Cohen 和 Malerba（2001）指出企业研发活动在更丰富、更多样化的知识环境中的差异性会更大。企业依据现有的专业知识及知识环境提出新的举措（如新产品或工艺思路），使公司更有效地执行现有项目，或克服产品开发、制造或营销活动中遇到的瓶颈来影响创新。这种知识环境的一个关键特征是基础科学和工程的活力，底层知识库的发酵和变化速度越快，就越有可能产生更多的研发思想和方法。Bonner 和 Walker（2004）基于 137 个新产品发展项目的实证研究,探讨了对企业影响较大的客户知识异质性和新产品优势之间的关系,认为获得多种知识源的企业倾向于有更多的创新机会,包括重组客户的知识,产生更高质量和更有价值的创新。

1.4.2 吸收能力

吸收能力被定义为企业识别新的外部信息的价值,将其吸收并应用于商业目的的能力(Cohen and Levinthal,1990)。吸收能力分为面向外部和面向内部两个方面,外部吸收能力包括从外部环境中识别和学习有价值的知识的技能,内部吸收能力是指管理内部变化、知识共享、组合和更新的能力(Lewin et al.,2011)。市场多样化会带来更多机会,从中可以获得不同种类的知识,并形成更多的创新形式。良好的外部吸收能力可以更好地帮助企业识别并获取各种有用的知识,再将其内化到自己的知识库中,促进企业内部的知识转移、共享和整合。虽然市场分离会抑制这种知识转移与共享,但是良好的内部吸收能力可以减轻整合多样化知识的困难。Xie 和 Li(2015)认为良好的内外部吸收能力可以帮助企业以两种不同的方式学习不同的客户知识并培养自身创新能力,在对 8529 家中国汽车及零部件制造商的研究中发现,在较为分散的国内外市场竞争中,具有竞争性的企业的创新绩效最佳。其中,吸收能力较强的企业能更好地克服市场分离带来的困难,从市场多样性中获益。

1.4.3 大学机构

一些实证研究调查了企业与大学和研究机构合作的影响,发现企业可以从合作中获利。Laursen 和 Salter（2004）基于英国创新调查中的2655家制造业企业样本，采用一个有序 logit 模型作为估计手段来考察大学机构与企业创新之间的关系，发现在企业使用其他外部知识来源时，如竞争对手、供应商和客户、私人研究机构、展销会和行业协会等，会更集中地依赖大学研究的知识。此外，大学机构对企业创新的贡献与企业研发支出和企业规模有关，在少数工业部门、研发能力强的企业及采用开放式创新搜索策略的企业中更为明显。Cohen 等（2002）使用卡耐基梅隆大学工业研发调查数据来评估美国制造业中公共研究（如大学和政府研发实验室）对工业研发的影响及途径，发现公共研究对制造业研发具有重要的影响，影响渠道主要包括公开发表的论文和报告、公众会议、非正式的信息交流和咨询等。Fontana 等（2006）基于2000年欧盟7国的调查，发现公共研究与企业合作除了局限于部分高科技行业和具有高研发强度和吸收能力强的大公司，还会受到企业对外部环境的开放程度的影响。

1.5 本章小结

根据以上国内外对创新政策的研究成果可以看出，从研发激励和需求激励视角展开的创新研究在深度和广度上不断拓展，而且注重挖掘市场力量促进创新，为后续研究的开展提供了重要的理论和实践指导。现有研究的主要不足如下：①目前围绕研发激励的研究较为丰富，但是对需求诱致创新的机理尚缺乏深入研究；②将创新过程视为"黑箱"，对研发与需求的互动机制及其效应缺乏系统研究，难以测度政策工具的传导路径及绩效；③对中国样本的实证较少。

基于上述对国内外研究的回顾和评述，本书将尝试突破现有研究局限，从研发和需求互动关系视角研究创新政策的作用机制，并以中国技术赶超和建设内需市场的战略实践为研究对象，检验外部创新政策工具影响创新的传导路径及效应，结合案例分析，提出中国创新政策的激励机制设计思路，为产业创新提供动力。

第 2 章 绿色创新主要研究脉络进展

经济增长导致的资源耗竭和环境生态恶化等问题严重制约了经济和社会的可持续发展,转向绿色增长已经成为社会各界的共识。绿色创新是绿色增长的根本动力,是全球绿色转型和低碳发展的核心手段。自欧盟 2008 年推行"生态创新行动计划"以来,绿色创新已经成为发达国家和地区推进可持续发展的重要实践,在技术创新、企业管理和宏观增长等实践领域得到了迅速推进,并形成以绿色价值创造为核心的崭新发展模式(Shapira et al., 2014)。

绿色创新概念是发达国家和地区在探索环境可持续发展基础上形成的,具有鲜明的实践导向特征。在绿色技术培育和绿色产业发展实践中,绿色创新通常与生态环境创新、能源效率等概念紧密相连,如欧盟的生态创新动议、英国的制造业绿色低碳战略,以及美国的先进制造业、清洁能源制造业及制造业国家创新网络战略等,均体现出可持续的"绿色价值创造"理念。由于绿色创新既涉及技术、产品、管理服务等微观层面,也包括要素配置改善等中观和宏观层面,本书将以绿色价值创造为主线,从技术创新、生态环境创新和绿色增长等视角出发,对绿色创新主要研究脉络进行梳理,为进一步研究提供理论积累。

2.1 绿色技术的内涵与分类

2.1.1 绿色技术的内涵

绿色技术是绿色价值创造的根本动力。目前，绿色技术尚缺乏统一的定义，国外学者大都将绿色技术等同于生态技术或环境技术，而国内学者更倾向于使用绿色技术（张钢和张小军，2011）。在绿色技术的相关概念中，绿色经济被定义为一个经济体中价值和增长最大化、自然资源被可持续地利用，绿色产业被定义为"产业生产与发展建立在不消耗自然系统健康的基础上"（UNIDO，2011）。美国劳工统计局将绿色工作定义为"提供产品或者服务，使得环境或者自然资源受益"（Sommers，2013）。Kennett 和 Steenblik（2005）认为绿色产品和服务的重点在于将对水、空气及土壤等生态系统的损害最小化。可见，节约能源并创造环境生态价值是绿色技术的关键内涵。

2.1.2 绿色技术的识别与分类

绿色技术的识别与分类是重要的研究内容，目前，绿色技术识别与分类主要是由各类特定的专利机构进行的，如联合国环境规划署欧洲专利办公室专门开发了应对全球气候变化的特殊专利标签（Y02）（UNEP-EPO-ICTSD，2010），世界知识产权组织（World Intellectual Property Organization，WIPO）则出版了国际专利分类标准，其中的绿色发明包括 7 类，即可替代能源、交通、能源储存、废弃物处理、农业与林业、规划设计和核能源。在汤姆森路透社德温特（Derwent）世界专利数据库中，绿色技术代码涵盖化学、生命科学与工程组织等领域，包括交通、动力、绿色燃料、环保理念、污染与循环再利用等。

结合产业分类标准或者职业分类标准，通过综合信息方法也可以对绿色技术进行分类。美国劳工统计局（US Department of Labor and Bureau of Labor Statistics, 2010）提出了 333 个绿色产业部门，涵盖了如下产业领域：①可再生能源领域，如风能、生物质能、低热能及太阳能等；②能源效率领域，包括改善能源效率的装备、建筑等，以及相应的产品和服务，如智能电网技术等；③污染气体、温室气体减排技术及循环利用技术；④自然资源存储技术；⑤环境教育与公共认知等。布鲁金斯公共政策研究中心以"清洁经济"为主线，将能够带来环境价值的所有相关工作定义为绿色工作，并在邓白氏集团（Dun & Bradstreet）的 8 位数产业分类基础上，加入了 60 多个由其他组织认定的绿色部门，形成了共包含 5 层 39 个部分的产业目录（Muro et al., 2011）。

2.1.3 绿色技术创新系统

在系统层次上，我国学者陈劲（1999）提出了"国家绿色技术创新系统"概念，认为国家绿色技术创新系统的演化动力可以分为外部驱动力和内部支持系统，如内部的教育系统和研发系统，外部的财政系统和政府政策系统等。丁堃（2009）分析了绿色创新系统的内涵,并从绿色创新系统知识的生产、传播和应用过程研究其结构和功能。陆小成(2013)将城市作为系统来研究,从技术层面、产业层面、企业生产、制度和消费模式视角提出了城市低碳创新路径,并提出了低碳城市构建对策。

2.2 生态环境创新及影响因素研究

2.2.1 生态环境创新的内涵

生态环境创新是由避免或减少环境损害的新的或调整过的过程、技术、系统和产品构成的。较绿色技术创新而言,生态环境创新不仅在技术创新链上有更大的延伸,也将先进技术对生态环境的影响考虑进来。生态环境创新概念产生的现实根源在于生态环境资源的有限性及由此引发的经济社会与生态环境的矛盾,"创新"和"环境收益"是最主要的特征。生态环境创新的关键在于生态环境的内生化,主要通过生态资本存量增加和生态技术创新来促进可持续发展。自20世纪60年代以来,生态创新实践经历了以污染物为对象的末端治理、以生产过程为对象的清洁生产、以产品和服务为对象的产业生态化,以及着眼于整体系统优化的社会经济系统生态化四个阶段(董颖和石磊,2010)。

2.2.2 环境政策工具与生态环境创新

环境政策工具能够从供给侧和需求侧刺激绿色技术,是促进生态环境创新的有效手段，如管理规则、税收和贸易性排放权等。Costantini 和 Mazzanti（2012）在对 15 个欧盟国家的产业部门进行研究之后，发现高科技部门的出口对于能源和环境税收具有正向促进作用。Rennings 和 Rammer（2011）使用德国创新量表发现环境规制带来的创新收入在增加，其中，循环和废弃物管理部门获得的边际利润较高，但生态环境创新的成本无法传递到价格中来，导致水处理这部分的边际利润较低。Porter 和 Linde（1995）认为严厉的环境规制及相应的遵守成本会迫使企业进行绿色创新，从而提高资源配置和使用效率。但是与此同时，环境规制也能够通过开辟环保型产品和技术市场来提高企业的资产周转率和利润，从而企业可以用绿色创新收益来补偿因执行环境规制而花费的成本。

2.2.3 组织战略与生态环境创新

与源自外部的规制和激励相比，组织战略推动的绿色创新不仅能够刺激绿色技术的产生和应用，还会带来大量先进技术产生环境绩效。Sharma 和 Vredenburg（1998）发现企业为实施绿色创新战略而进行的投资有利于企业发展特殊能力，如学习能力、内部创新能力等，将帮助企业不断降低生产成本、改进运营方式并生产出质量更好的差异化产品。张钢和张小军（2013）以中国制造业企业数据为样本，发现绿色创新战略不仅能够提高企业社会绩效，也能够提升企业经济绩效。此外，Etzion（2007）发现企业规模与环境绩效之间具有显著的正相关关系，并将这一现象解释为大型企业拥有更大的社会能见度并强化了企业所面临的利益相关者诉求。Lee 和 Chang（2007）以中国台湾的信息和电子产业为例，同样发现中小型企业在绿色核心能力、绿色创新绩效和绿色形象方面均不及大型企业。

2.3 绿色增长研究

2.3.1 绿色增长方式对能源绩效的影响

与绿色技术创新和生态环境创新相比较，经济增长中蕴藏的绿色创新往往被忽视。在熊彼特的两部门增长模型中，创新行为作为一种经济行为从传统资本中区分出来，在总资本规模报酬不变的条件下，智力密集型的知识资本能够替代能源密集型的工业资本实现"清洁"的可持续发展。同样，结构主义也为研究绿色创新来源提供了新的思路，其基本的逻辑是结构性增长能够将生产资源从效率较低的部门转向效率较高的部门，这意味着除了技术进步以外，资本结构优化也是绿色创新的重要途径（钱纳里等，2015；刘鹏和孟凡生，2014）。

采用结构分解法能够直接获得经济结构变化对于能源绩效的影响，从而具有较强的政策价值。张友国（2010）使用基于投入产出的结构分解方法发现经济发展方式的变化导致中国的 GDP 碳排放强度下降66.02%，其中主要来自于生产部门的能源改进，而经济结构的变化反而提高了碳排放强度。李小平和卢现祥（2010）采用环境投入产出模型和进出口消费指数等方法重新检验了"污染天堂假说"，得出参与国际贸易能够减少碳排放的结论。王峰等（2010）使用平均 Divisia 指数分解法研究了 1995～2007 年中国能源消费中碳排放增长的影响因素，发现人均国内生产总值（Gross Domestic Product，GDP）、交通工具数量、人口总

量等是中国 CO_2 排放增长的主要驱动因素，而工业部门能源利用效率的提高和生产部门能源强度的下降是抑制 CO_2 排放的关键因素。

采用动态模型也能够检验经济增长对能源消耗的作用。Ozturk 等（2010）对 51 个国家能源消费和经济增长的关系进行了检验，发现能源消费与经济增长具有同向变动关系，而中等收入国家存在双向格兰杰因果关系。Balcilar 等（2010）使用迭代格兰杰非因果关系检验发现 G7 国家中大多能源消费与经济增长之间不存在因果关系，只有加拿大可以通过能源消费来预测经济增长。姜彩楼等（2012）采用 OECD 成员国的样本数据，利用广义脉冲响应函数（generalized impulse response function，GIRF）检验了人力资本贡献率、固定资本贡献率对能源全要素生产率指数的冲击响应，发现人力资本扩张提升了能源全要素生产率，固定资本扩张抑制了能源全要素生产率。

2.3.2 绿色增长绩效的测度

绿色增长绩效的测度能够反映能源消耗和经济产出之间的对应关系。魏一鸣和廖华（2010）将能源效率划分为能源宏观效率、能源实物效率、能源物理效率、能源要素利用效率、能源要素配置效率、能源价值效率和能源经济效率七大类指标。在实证研究中，庞瑞芝（2009）引入"能源节省目标"概念，构建全要素生产率模型，从中国工业部门的生产力与技术变动同全要素能源效率表现之间的关系、全要素技术效率与全要素能源效率的比较、工业部门人均增加值与全要素能源效率的"U 形"线性关系及工业部门结构变动与全要素能源效率的关系四个方面展开了研究，发现中国工业部门的全要素能源效率一直比较低，而能源效率更低这一典型特征。袁晓玲等（2009）选取基于投入导向的规模报酬不变超效率数据包络分析（data envelopment analysis，DEA）模型，测算出包含非合意性产出环境污染的中国省级全要素能源效率，并基于经济结构和能源因素，采用受限因变量（Tobit）模型检验了影响因素。

由于上述测度方法无法区分环境技术边界和普通技术边界，因此，也就无法将"纯绿色绩效"从经济绩效中分离出来。刘瑞翔和安同良（2012）结合 SBM 方向距离函数和 Luenberger 指数特点，发展了一种新型生产率指数构建分解方法，将环境技术边界与技术边界区分开来，并将污染排放作为非合意性产出引入测算方程中，从而有效估计了环境技术进步和生产型技术进步，为测度绿色创新绩效提供了新的框架。此外，刘瑞翔（2013）还在绿色增长框架下采用 M 指数，将中国经济增长贡献进一步划分为要素投入、环境消耗和技术进步三个部分，从宏观和区域层面研究了中国绿色增长路径，为测度绿色增长绩效提供了重要思路。

2.4 本章小结

由于研究目的和研究方法的差异，现有文献尚未形成针对绿色创新的系统研究，在研究层次和研究视角上显得多样化和碎片化。现有研究可以概括为绿色技术创新、生态环境创新和绿色增长创新三个层次。其中，绿色技术创新研究起步较迟，其概念与内涵主要是在借鉴相关概念的基础上发展而来，在学理层面上还需进一步厘清。生态环境创新中关于政策规制和市场激励等外生性视角的研究已经较为成熟，基于企业的内生性视角研究正在成为热点。在绿色增长创新方面，环境技术边界的提出使得绿色创新绩效测度更加准确，但是传统测度方法忽视了经济-环境的交互作用机制，使得现有研究难以获得研发的过程性信息。表 2-1 对不同层次的绿色创新进行了比较归纳。

表 2-1　不同层次绿色创新比较研究

研究层面	绿色技术创新	生态环境创新	绿色增长创新
研究议题	绿色技术的内涵、识别与分类	生态环境价值创造的途径及政策工具检验	经济结构对能源绩效的影响检验
研究方法	理论分析与数据库搜集整理	数理模型分析、计量分析	结构分解法、动态分析方法
研究不足	未分析绿色技术之间的关联，缺乏对绿色技术创新体系的研究	从企业内生性出发的研究较为不足	重视经济过程，忽视研发、市场等过程的影响
未来研究创新与展望	采用跨数据库的数据挖掘和可视化技术	企业社会责任内生化的研究	包含更多变量过程的系统动力分析方法

结合上述文献综述和比较，本书认为应该从以下方面深化绿色创新研究。

第一，借助跨学科理论知识，构建绿色创新理论体系，包括绿色创新的内涵与外延、绿色技术的分类与识别等，形成较为系统的绿色创新理论框架体系。其中，绿色技术的分类与识别还应注重跨数据库的知识挖掘，从中搜集整理出绿色技术的复杂关联机制，构建绿色技术体系。

第二，现有文献关于绿色创新绩效的研究主要是基于生产函数模型进行的，这类研究假设各项要素投入和要素产出是线性关系，忽视了其中的交互作用过程。在未来的研究中，应该在对绿色技术创新过程进行分解的基础上构建模型，突出绿色技术创新的过程特征和绩效影响，并结合网络 DEA 等工具，对绿色技术创新过程进行分阶段测度，获得详细的绿色创新绩效数据。

第三，随着创新型经济的发展，仅从经济结构视角研究绿色创新已经难以满足需要，需要将研发活动、市场活动及国际贸易等关键因素纳入绿色创新研究中来，综合研究绿色创新的共生机制及演化问题。因此，有必要进一步扩展模型，从动态演化视角揭示绿色创新的关键机制。

第3章 政府补贴对新能源汽车企业创新的影响

随着全球生态环境日益恶化,世界各国大力发展新能源汽车以促进交通能源转型,如美国的"自由汽车计划""高科技车辆制造激励计划",日本的"下一代汽车战略",以及欧盟的"清洁能源和节能汽车欧洲战略"等,把发展新能源汽车作为重塑工业竞争力的抓手,力图在新一轮全球科技竞争中抢占制高点。中国新能源汽车自2001年提出"三纵三横"(三纵:燃料电池汽车、混合动力汽车、纯电动汽车;三横:多能源动力总成系统、电机驱动系统和控制单元、动力电池和电池组管理系统)研发及产业化路线以来,以整车研发为载体,在关键零部件瓶颈技术和系统集成技术方面取得了重要进展。我国政府在《节能与新能源汽车产业发展规划(2012—2020年)》及《电动汽车科技发展"十二五"专项规划》中,进一步提出"纯电驱动"转型的技术发展战略,力争在未来绿色技术竞争中占据主导地位。

政府补贴是我国促进新能源汽车发展的重要手段。自新能源汽车2001年被列为国家高技术研究发展计划(以下简称863计划)优先资助领域以来,国家投入200多亿元用于研发新能源汽车的核心技术,2008年以来,几乎所有中国的汽车领军企业都得到了863计划的资助。为了推动新能源汽车产业化,国家加强对新能源汽车生产环节的补贴,并选取试点城市促进新能源汽车推广。2015年,中国新能源汽车生产和销售全面超过美国，成为世界上最大的新能源汽车产销国。然而，新能源汽车补贴也引起了一些争议，如整车补贴的方式过于粗放，不仅扭曲了价格机制，还导致骗补等不良现象发生，使得新能源汽车补贴偏向于生产激励而非创新激励。研究政府补贴对新能源汽车创新的影响，对于改进政策设置、挖掘创新潜力均具有重要意义。

3.1 文献回顾

政府补贴是支持企业创新的重要途径。对于新能源汽车而言，信息不对称和新技术研发的外部性容易导致市场失灵，影响资源配置。在技术风险和市场风险的双重影响下，政府一方面要通过补贴来应对新能源汽车企业创新的成本与风险，另一方面也要通过市场机制加速新能源汽车创新扩散，提高创新效率（水会莉等，2015；Liu and Kokko，2013）。

在实证研究中，Zhang 和 Zhang（2015）提供了一个分析框架，研究在补贴、市场波动和厌恶损失情况下的新能源汽车最佳生产战略，发现厌恶损失决策者会在风险中性情况下扩大产量，而决策者的期望效用会长期受到补贴的影响。Lorentziadis 和 Vournas（2011）通过定量分析建立了以旧换新的汽车补贴政策的模型，研究了新能源汽车代替传统高消耗资源汽车的策略，并通过数据分析得出了合适的政府补贴水平。张婧（2014）通过渐进决策模型对新能源汽车补贴相关政策进行研究，得出了我国新能源汽车的快速发展不仅需要企业和消费者的努力，更需要完善的政府政策支持的结论。Ma 等（2017）采用多元协整模型和误差修正模型来分析新能源汽车补贴政策的长期和短期影响，发现新能源汽车市场份额与新能源汽车购置补贴之间的关系为正向协整,技术突破对新能源汽车扩散的影响大于补贴政策,因此,政府对新能源汽车购置补贴应逐步转变为研发补贴。Yu 等(2016)通过收集可再生能源企业数据,运用普通最小二乘法(ordinary least square,OLS)模型、固定效应模型和随机效应模型进行实证分析后,发现政府补贴对可再生能源类企业研发投入有显著的挤出效应,企业所有权也是重要的影响因素。

我国自 2009 年启动"十城千辆"新能源汽车示范推广应用工程以来,中央和地方各级政府对新能源汽车生产和购置环节进行了大量补贴。Gallagher 和 Muehlegger(2011)发现相关补贴政策对新能源汽车的市场份额有显著的影响。陈麟瓒和王保林(2015)运用全生命周期成本理论,从购买成本、运行成本、牌照成本、限行成本和回收收益评估新能源汽车需求侧创新政策的有效性,发现购买补贴政策的有效性最强,限行倾斜的政策有效性最弱,需求侧创新政策的组合使用能够带来更高的效率。朱劲松和王家年(2015)以比亚迪"秦"为例,主张改变对整车进行补贴的方式,转为加大对新能源汽车核心技术研发及后期消费财政激励。然而,何文韬和肖志兴(2017)基于2006~2015 年汽车企业所申请的新能源汽车专利数量和新车型数量,采用动态估计面板分析发现以补贴新能源汽车销售端为主的政策虽然会促使企业申请更多专利,但是也造成企业为持续获得补贴而加快专利转化速度,如果只要求新产品快速进入市场,就会导致部分企业伪造销售量,出现骗补现象。郭燕青等(2016)从创新生态系统的角度,分析整车种群与零部件种群中的新能源汽车企业在合作均衡与竞争均衡条件下的最优政府补贴,发现对于处于合作均衡的创新生态系统而言，政府补贴的退出具有可行性，而对于处于竞争均衡的创新生态系统来说，政府补贴的重点应转向弱生态位种群，对于强生态位种群可以少补贴甚至不补贴。

上述研究为分析新能源汽车补贴效应提供了多维视角，然而，由于样本的限制，关于政府补贴对研发投入和专利产出的影响还需要进一步实证检验。本书以国内42家新能源汽车上市公司为研究对象，构建面板回归模型，实证检验政府补贴对新能源汽车企业研发投入和专利产出的影响，揭示政府补贴对新能源汽车企业创新的激励效应，提出改进建议。

3.2 模型与数据

新能源汽车是各国争先发展的新兴产业，在创新方面需要更多的资金和技术支持。整体而言，政府补贴在初期能够为新能源汽车企业研发提供必要的支撑，带动企业研发投入。而当企业研发活动达到一定规模时，政府补贴会对企业研发投入产生挤出效应。政府补贴具有信号效应，接受政府补贴的企业相较于未接受政府补贴的企业具有更高的研发强度和更强烈的研发积极性。在创新价值链上，我国对新能源汽车进行整车补贴，这种方式容易对新能源汽车的生产和消费者的消费环节产生激励，对研发的激励效用较小。为此，本书首先检验政府补贴对新能源汽车研发投入的影响。

专利是衡量企业创新产出的重要指标。当企业研发处于起步阶段时，政府补贴能够分担企业创新成本和风险，提高企业研发热情并加大研发投入，从而促进企业专利产出。随着政府补贴额度的增加，企业一方面会对过高的补贴收入产生依赖,削弱对专利创新的热情,尤其是减少对高风险专利的研究。另一方面,部分企业为了追求高额补贴,会编制虚假资料进行骗补,严重影响政府补贴的创新激励效应。我国新能源汽车专利数量已经先后超越日本和美国,成为全球第一大新能源汽车专利国家,表现为实用新型专利偏多,而发明型专利偏少,此外,高质量的专利数量偏少。因此,有必要检验政府补贴对新能源汽车高质量专利产出的影响。

  新能源汽车企业创新可以采用研发投入和专利产出来衡量。研发投入采用新能源汽车企业在研究与开发活动中投入的资金来表示,反映了新能源汽车企业的创新意愿。专利产出采用新能源汽车企业申请的发明型专利数量来表示,主要是因为发明型专利相较于实用新型专利更能反映出创新性,而且由于专利申请与专利授权之间存在一定的滞后期,这里选取发明型专利申请量作为标准,能够更准确反映新能源汽车企业的专利产出。

  政府补贴是本书的主要解释变量。如果企业研发投入的增长高于政府补贴的增加,说明政府补贴对企业研发投资有刺激作用,反之则产生了挤出效应。由于难以获得研发和生产补贴的细分数据,这里采用企业从政府获得的无偿补贴资金来表示,数据来源于企业年报的营业外收入中的政府补助项。

  在控制变量中,新能源汽车企业研发投入主要受到企业规模和经营状况的影响。主营业务收入反映了新能源汽车企业的销售和市场占有状况,可以作为反映企业规模的代表变量。如果企业经营状况不佳,就会导致债务危机的存在,企业会优先选择偿还本息,对于研发方面的投入也会减少。这里采用资产负债率来反映企业的经营状况，用总负债占总资产的比重来表示。新能源汽车作为新兴产业，企业创新还受到组织知识水平的影响，这里采用高学历员工数作为反映企业知识水平的环境变量。

新能源汽车企业专利产出主要受企业研发强度的影响，这里采用研发投入比来表示，用于反映新能源汽车企业对研发的重视程度。一般而言，企业研发强度越大，说明企业越重视研发活动，越有利于高质量专利的产出。研发团队规模是影响新能源汽车专利产出的重要环境因素，这里采用研发人员数量代表企业研发团队规模（表3-1）。

表 3-1 相关变量的说明

变量名称	变量符号	变量定义
研发投入	RD	企业研发投入（万元）
专利产出	PO	企业发明型专利申请量（件）
政府补贴	GS	营业外收入中的政府补助项（万元）
主营业务收入	MBI	企业主要业务所获得的收入（万元）
资产负债率	LEV	总负债占总资产比重（%）
研发投入比	DS	研发投入占营业收入比重（%）
高学历员工数	HDE	高学历员工数量（人）
研发人员数量	RP	研发技术人员数量（人）

根据上述分析，分别构建以下研发投入和专利产出方程：

$$\mathrm{RD}_{it} = \mu + \beta_1 \mathrm{GS}_{it} + \beta_2 \mathrm{MBI}_{it} + \beta_3 \mathrm{LEV}_{it} + \beta_4 \mathrm{RP}_{it} + u_{it} + \alpha_i \quad (3\text{-}1)$$

$$\mathrm{PO}_{it} = \mu + \beta_1 \mathrm{GS}_{it} + \beta_2 \mathrm{DS}_{it} + \beta_3 \mathrm{HDE}_{it} + \beta_4 \mathrm{RP}_{it} + u_{it} + \alpha_i \quad (3\text{-}2)$$

式中，$i = 1, 2, \cdots, n$，表示不同的企业；$t = 1, 2, \cdots, n$，表示时间；$u_{it} + \alpha_i$ 表示随机效应。研究样本选择一汽轿车、长安汽车和比亚迪等 42 家在国内上市的新能源汽车企业，样本年限为 2010～2013 年。数据剔除了价格因素的影响，其中的专利数据来源于专利信息服务平台网，其余均来源于上市公司公开披露的年度报告。为了保证研究质量，对个别数据严重缺失的样本进行了剔除。

表 3-2 给出了主要变量的描述性统计，可以发现研发投入的最大值与最小值相差较大，并且中位数远小于平均值，说明新能源汽车企业研发投入整体偏少，较少的新能源汽车企业研发投入拉高了整体均值。发明型专利数量与研发投入呈现相似的分布状况，中位数远低于平均值，说明新能源汽车企业发明型专利产出整体偏少，且分布不均匀。借助计量模型，进一步检验政府补贴对新能源汽车企业研发投入的影响。

表 3-2 变量的描述性统计

变量	最大值	最小值	平均值	中位数
RD	287248	0	41674	6288
PO	590	0	66	5
GS	46777.66	0	5307.67	1394.19
MBI	5678431	17397	1151537	171457
LEV	0.7593	0.0764	0.4220	0.4412
DS	0.1270	0	0.0386	0.0343
HDE	16033	15	2238	7814
RP	17616	8	1817	7110

3.3 实证检验

考虑到样本之间的异质性,分别使用固定效应模型和随机效应模型进行检验,并结合 Hausman 检验值确定模型的适用性。表 3-3 是对研发投入方程进行的面板估计结果,Hausman 检验的 P 值大于 0.05,说明采用随机效应模型进行估计更加合适。从估计效果来看,可决系数 R^2 的值为 0.937,说明方程的拟合程度较好,W 值为 419.93,说明方程估计效果显著。

表 3-3 研发投入的回归结果

项目	固定效应模型		随机效应模型	
	系数	P 值	系数	P 值
GS	0.454*	0.063	0.545***	0.007
MBI	0.012***	0.001	0.015***	0.000
LEV	—			
RP	8.271***	0.000	10.276***	0.000
Cons	12732.72**	0.046		
R^2	0.595		0.937	
F/W 值	24.20(F 值)		419.93(W 值)	

注:***、**和*分别表示通过1%、5%和10%显著性水平检验;—表示未通过显著性检验;Cons 表示常数项,下同。

在估计结果中,政府补贴通过 1%显著性水平的检验,系数为 0.545,说明政府补贴显著促进了新能源汽车企业研发投入。新能源汽车补贴是由政府根据技术标准制定的,主要包括研发补贴、生产补贴和消费补贴三类。在补贴过程中,符合补贴标准的新能源汽车所在企业通常具有较高的技术能力,企业研发投入与政府补贴强度呈正相关。对系数估计值进行分析,可以发现新能源汽车企业研发投入增加的幅度低于政府补贴。由于新能源汽车补贴方式和补贴渠道相对粗放,容易对生产和购置环节形成激励,缺乏对研发环节的专门激励,政府补贴对研发投入的促进效率较低。

控制变量中,反映企业规模的主营业务收入通过了1%显著性水平检验,系数为0.015,说明新能源汽车企业研发投入与企业规模呈显著的正相关,这是由于新能源汽车企业是我国的支柱企业,规模越大的企业通常具有越完善的研发投入惯例。研发人员数量在1%水平上通过了显著性检验,且系数为10.276,说明研发基础越好的企业,研发活动越活跃,研发投入越高。

表3-4给出了专利方程的回归结果,Hausman检验的P值大于0.05,说明样本数据采用随机效应模型进行估计更合适。可决系数R^2为0.887,说明估计模型的拟合度较高,W值为375.03,说明模型的估计效果较为显著。

表3-4 专利产出的回归结果

项目	固定效应模型		随机效应模型	
	系数	P值	系数	P值
GS	0.001	0.284	0.002*	0.055
DS	—	—	—	—
HDE	0.018**	0.032	0.012**	0.044
RP	0.027***	0.008	0.022***	0.000
Cons	−39.214**	0.039	−29.674**	0.018
R^2	0.502		0.887	
F/W值	16.65(F值)		375.03(W值)	

注:***、**和*分别表示通过1%、5%和10%的显著性水平检验;—表示未通过显著性检验。

政府补贴在10%水平上通过了显著性检验，且系数为0.002，反映出政府补贴与新能源汽车企业发明型专利产出存在显著的正相关。结合研发投入方程的回归结果发现，政府补贴对新能源汽车企业研发有着直接的促进作用，但是由于补贴政策侧重于推广，新能源汽车企业对高质量研发投入的意愿不强，对新能源汽车企业高质量专利产出的促进作用不强。

在控制变量中，高学历员工数在5%水平上通过了显著性检验，且系数为0.012，表明高学历员工比例高的环境有助于高质量的专利产出。相较于低学历员工而言，高学历员工拥有更高水平的知识积累，能够改善企业的文化氛围和知识水平，激发企业的创新意识和创新灵感，促进高质量的创新产出。研发人员数量在1%水平上通过了显著性检验，且系数为正，说明研发人员数量与发明型专利产出之间存在显著的正相关，这表明在新能源汽车企业中，企业研发团队增强，有助于高质量专利产出。

3.4 本章小结

根据上述研究结论，得出如下主要的对策建议。

第一，优化政府对新能源汽车的补贴方式，逐渐将整车补贴转化为精准的研发补贴。整车补贴能够分摊新能源汽车生产成本，帮助企业迅速扩大生产规模，不足之处在于整车补贴对补贴投入的使用范围缺乏明确界定，难以直接激励企业研发活动。我国应该加强对新能源汽车研发的专门补贴，激发新能源汽车企业的创新动力和热情，同时也要改进补贴方式，如对于研发能力强的企业给予更多的补贴等，引导企业增加研发投入，促进新能源汽车企业创新能力提升。

第二,推动政府补贴信息的公开透明,建立健全政府补贴监管体系。政府对新能源汽车补贴已经实施了较长时间,但是对政府补贴信息的公开程度还需要进一步完善。随着新能源汽车的发展,政府不仅要提高补贴发放标准,还应该加强发放前公示和使用后监管等,以便引导社会力量进行监督,提高补贴效率。

第4章 扩大内需与中国工业企业创新

4.1 研究背景

自1978年改革开放以来,中国工业凭借廉价生产要素参与国际分工,逐渐形成了以资本集聚为主要驱动力的增长模式。在这一模式的作用下,中国工业增长大量依靠生产要素投入,并迅速成为新国际分工格局下的"世界工厂"。到2014年,中国工业总产值突破4万亿美元,超越美国成为世界第一大工业生产国。在增长奇迹的背后,中国工业内生技术不足的缺陷也日益凸显,不仅生产效率低,而且能源问题和环境问题严重。尤其是自2008年世界金融危机以来,中国工业建立在廉价生产要素基础上的外向型发展红利逐渐透支,技术创新和扩大内需成为重塑中国工业优势的重要路径。

在工业创新过程中,创新活动主要受技术供给和技术需求的影响。随着自主创新战略和扩大内需政策的持续深入,中国工业创新在供给侧面临高强度的研发投入,在需求侧面临高端需求和低端需求并存的复杂局面。在实践中,中国政府对工业创新投入巨大,但是由于创新体系不健全,产业关键技术长期无法突破,难以形成持续深入的自主创新体系。同时,收入差距造成市场分化加剧,中国迅速崛起的高端市场为西方跨国公司的新技术提供了重要的领先市场,却对中国工业创新产生了挤出效应。在低端市场上,扩大内需往往又会产生扩张效应，抑制国内市场和技术的升级。

在后发赶超大国中，市场内需化和技术自主化是工业发展的必经路径。随着外向型发展动力的衰退，以及我国提出大力建设国内市场的要求，扩大内需将成为中国经济社会发展的长期动力。在此形势下，研究扩大内需对中国工业自主创新的影响，将具有重要的理论意义和实践价值。

早期的线性模型认为研发积累是技术创新的先决条件，强调通过基础研究来增加技术供给。Schumpeter（1939）认为企业创新是为了获得市场垄断地位并获取超额利润，在超额利润的推动下，企业会集中力量不断地创新。Schmookler（1966）认为技术创新动力主要来自需求侧，如追求利润、克服要素稀缺性等。Rosenberg（1982）认为技术创新是市场需求和技术可能性综合作用的结果，如铁路、房屋建筑和计算机等行业的创新动力主要来自需求侧，而激光等行业主要受技术推动影响。Kline 和 Rosenberg（1986）提出了创新的"链环-回路"模型，将技术创新过程分解为技术创新链和市场反馈链，认为技术创新链是"顺周期"的，而市场反馈链是"逆周期"的。

随着全球科技竞争的深入，由市场和经济发展带来的"需求拉动效应"逐渐引起众学者的关注。Schmookler（1966）研究了美国炼油、造纸、铁路和农业4个行业的投资、产出及专利数量变化情况，发现上述行业中投资和产出的变化均领先于专利数量变化，从而得出需求拉动工业创新的结论。Kleinknecht 和 Verspagen（1990）采用销售收入和研发强度的变化率数据，对荷兰制造业截面数据进行了检验，发现市场需求和创新之间存在相互促进关系。Costantini 等（2015）以生物燃料部门为样本，发现第一代生物燃料技术开发主要受需求量和价格需求政策影响，而更高代际的技术开发不仅受价格刺激政策的影响，还受技术驱动政策的影响。Aschhoff 和 Sofka（2009）以德国 1100 家企业为样本，发现政府采购和大学知识溢出对于企业创新具有促进作用，在经济衰退区的小型企业和技术服务企业中更加明显。

考虑到中国的后发赶超大国特征，国内学者较为关注市场需求及相关变量对自主创新的影响。范红忠（2007）检验了有效需求规模、研发投入和国家自主创新能力的关系，认为经济总收入和人均收入会促进一国的研发投入和自主创新，而收入差距的扩大会降低一国的研发投入，进而损害自主创新。安同良和千慧雄（2014）认为收入差距主要通过价格效应与市场规模效应的耦合对产品创新产生影响，并揭示了收入效应处于不同区间时的价格效应、市场规模效应，以及收入差距和自主创新的关系曲线等。李子联和朱江丽（2014）认为收入差距和自主创新之间存在着"倒 U 形"曲线关系，收入差距引起的部分居民收入提高导致创新产品需求规模扩大，同时也抑制了居民消费结构优化和升级，进而抑制了低收入阶层的有效需求。余东华和王青（2009）采用中国制造业面板数据，发现地方保护主义和市场分割制约了中国制造业技术创新能力的提高。

现有文献已经从需求侧对创新动力进行了深入研究。然而，由于中国尚处于工业化加速发展阶段，具有低端市场规模巨大和高端市场发育迅速的特征，扩大内需往往会对中国工业创新产生不同方向的链式效应。本书将在分析扩大内需影响中国工业创新动力机制的基础上提出假设，并通过实证检验发现规律。

4.2 理论假设

扩大内需是中国重要的宏观经济调控手段，主要通过积极的财政政策和货币政策扩大市场消费能力和投资，促进宏观经济发展。在中国从计划经济向市场经济转变的过程中，扩大消费和扩大投资交替发挥驱动作用。1978~2000 年，最终消费对国民经济的年均贡献率达到 63.7%，远高于资本形成的贡献。自 2000 年以来，扩大投资成为刺激宏观经济的常用手段，资本形成总额对国民经济的拉动作用迅速上升，2001~2014 年，资本形成总额对国民经济的年均贡献率达到 56.4%，成为宏观经济的重要动力。

在工业产品生命周期中，成熟产品大都为要素密集型产品，利润率较低。新产品大都为技术密集型产品，利润率较高。如果扩大消费主要提升了成熟产品的市场消费能力，在中国工业生产的惯性下，容易出现优先拉动生产的现象，在生产要素较为丰裕的情况下，产业创新容易出现"惰性"，即产业创新冲动容易被要素成本优势所抑制。如果扩大消费能够有效提升新产品的市场消费能力，就容易刺激企业继续开发新产品和服务以保持超额利润，形成良性的技术创新循环。

扩大投资不仅会对投资领域产生直接的前向推动作用，还会对上游产业形成产品需求和技术需求。对于要素密集度高的成熟产品而言，扩大投资主要会对上游产品产生"需求乘数"并带动上游企业生产。对于技术密集度高的新产品而言，扩大投资会对关联产业产生"技术需求"，并促进上游产业技术升级。由于扩大投资具有较强的计划性和目的性，对工业企业创新活动的影响往往要大于消费能力提升。考虑到中国工业发展过程中引进的大量国外技术，扩大内需对中国工业创新的影响机制可以用图4-1来表示。

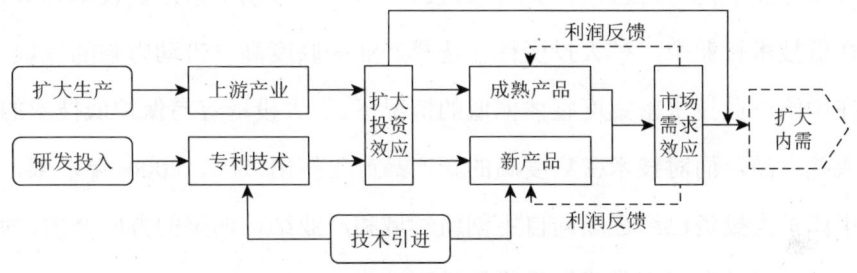

图4-1 扩大内需对中国工业创新的影响机制

综上所述，这里提出如下假设。

假设Ⅰ：成熟产品市场需求的扩大会抑制中国工业创新，而新产品市场需求的扩大会促进中国工业创新。

面向成熟产品的市场需求通常考虑价格和质量。如果扩大内需主要增加了成熟产品的市场需求，就会延长成熟产品的市场周期，并以价格优势对新产品形成挤出效应。中国工业由于长期缺乏核心技术，主要凭借廉价生产要素参与国际分工，对成熟产品的需求增加无疑会进一步强化对要素投入的依赖，难以向技术创新提供市场动力和压力。从技术创新链视角来看，技术创新前期往往需要投入大量的研发要素，在技术创新后期则要重点发掘和培育领先市场来帮助新产品获得市场成功（Edler and Georghiou，2007）。如果扩张后的市场需求仅能拉动成熟产品，就意味着产业创新和市场需求之间出现了断层（Lember et al.，2011），市场扩张是无效的。

假设Ⅱ：高技术行业投资增加会促进创新，低技术行业投资增加会抑制创新。

扩大投资主要通过资本形成来扩大生产规模，提高生产能力。在高技术行业中，扩大投资有助于促进技术转化，并带动上游产业技术升级。在低技术行业中，扩大投资往往选择产业关联度高、带动力强的领域。在中国产业技术密集度整体偏低的情况下，扩大投资容易保护低技术的成熟产品，而对技术密集度高的新产品产生挤出效应。2006年以来，中国扩大投资已经逐渐向自主创新领域和产业结构调整的方向努力，为新技术研发和新产品应用提供了重要动力。

为了描述扩大内需的变化趋势，分别采用全国规模以上工业销售收入和固定资本形成总额作为反映有效需求和扩大投资的变量。根据中国工业行业分类标准，将样本分为采掘业（5个行业）、制造业（29个行业）、电力煤气及水生产供应业（3个行业）三组。由于制造业技术密集度存在明显差异，本书参考张海洋（2005）的研究，将医药制造业等11个行业划分为高技术组，另外18个行业作为低技术组。

以1978年为价格基期，可以发现制造业有效需求规模远高于采掘业和电力煤气及水生产供应业。其中，2003年采掘业有效需求规模为4.32亿元，高技术制造业为29.87亿元，低技术制造业为34.17亿元，电力煤气及水生产供应业为4.83亿元，资本形成规模分别为2.48亿元、1.87亿元、1.75亿元和1.40亿元。到2013年，4个部门的有效需求分别增长了3.56倍、2.83倍、2.75倍和2.91倍，资本形成规模分别增长了2.48倍、1.87倍、1.57倍和1.40倍。

图4-2中，采用专利产出（Patent）作为创新变量，可以发现2003～2013年中国工业产品销售收入（Market）与专利产出具有明显的同向变动趋势，在2010年以后，二者的变化趋势尤为接近，说明有效需求对中国工业专利产出具有稳定的影响。在扩大投资（Invest）与专利产出的变化趋势中，可以发现扩大投资与专利产出在2010年以后的变化趋势才趋向一致，而之前的变化趋势较为紊乱，说明扩大投资对专利产出的影响具有较强的阶段性特征。

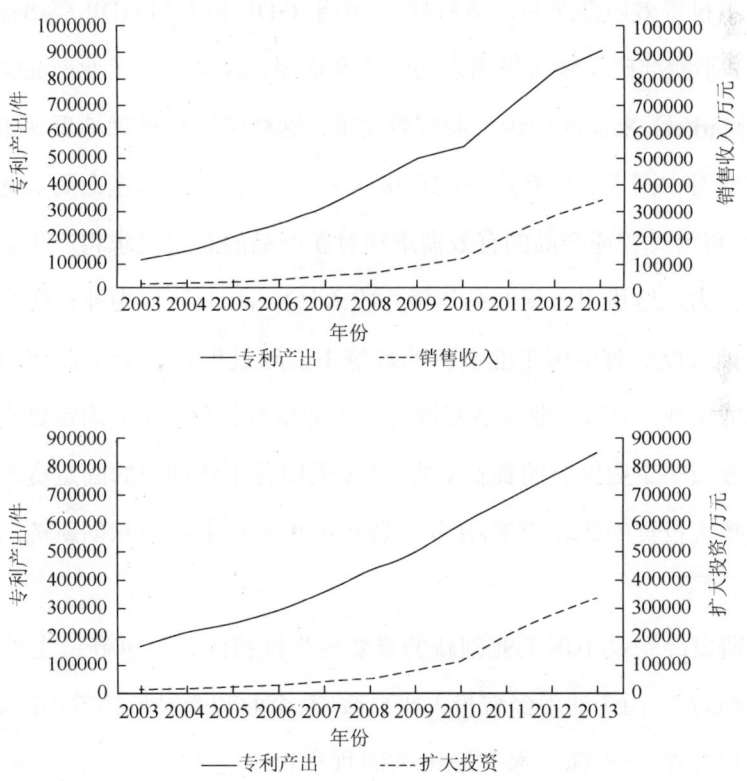

图4-2 扩大内需与专利产出

中国工业创新是一个复杂的过程,为了发掘扩大内需对中国工业创新影响的详细机制,还需借助计量模型进行实证检验。

4.3 实证结果与分析

4.3.1 模型与数据

在技术创新链上,扩大内需对创新的直接效应可以从市场需求效应和扩大投资效应两个角度进行检验。由于 GDP 和人均 GDP 等指标过于抽象,不能准确反映市场需求的结构和质量,这里采用工业产品销售收入(Market)来反映中国工业有效需求,这样能够较准确地反映市场实际需求对中国工业创新产生的直接压力和动力。在产品生命周期的不同阶段,市场对普通产品的有效需求和对新产品的有效需求将产生迥异的创新动力,这里引入新产品年销售收入(Newsale)作为补充变量。

扩大投资对中国工业创新的影响主要通过促进各个工业部门的资本形成实现。中国工业发展对固定资本的依赖程度较高,固定资本的形成能够反映企业发展的真实动力。这里采用各工业部门的固定资本总额作为扩大投资的代表变量,用于检验扩大投资对生产链和创新链的驱动效应。

研发经费是中国工业创新的重要内生性投入,是创新链上的重要"推动力"。由于研发经费投入来自政府、企业和金融机构等不同渠道,难以进行统一计算,本书采用全国规模以上工业企业内部研发投入(RD)表示,用于反映工业部门研发投入的推动效应。为了克服自身技术的不足,中国工业发展长期引进国外技术作为补充,这里采用引进国外技术的经费（Techbuy）作为变量，检验引进国外技术是否对中国工业创新产生挤出效应。

在环境变量中，扩大内需还将直接提升市场需求水平，本书采用农村居民消费指数（Contr）和城镇居民消费指数（Town）作为私人部门需求的代表变量，采用中央财政支出（Central）和地方财政支出（Local）作为公共部门需求的代表变量，用于检验扩大投资的需求环境效应。

衡量创新产出的指标主要有专利产出（Patent）和新产品销售收入（Newprod）。Aschhoff 和 Sofka（2009）认为专利产出更加接近根本性创新，能够较好地反映技术过程的创新，而新产品销售收入主要取决于市场接受程度，能够较好地反映商业化过程的创新。为此，分别构建不同创新阶段的产出方程。

专利产出方程为

$$\text{Patent}_{it} = \text{Market}_{it} + \text{Newsale}_{it} + \text{Invest}_{it} + \text{RD}_{it} + \text{Techbuy}_{it} \\ + \text{Contr}_{it} + \text{Town}_{it} + \text{Central}_{it} + \text{Local}_{it} + \varepsilon_{it} \quad (4\text{-}1)$$

新产品产出方程为

$$\text{Newprod}_{it} = \text{Patent}_{it} + \text{Market}_{it} + \text{Invest}_{it} + \text{RD}_{it} + \text{Techbuy}_{it} + \\ \text{Contr}_{it} + \text{Town}_{it} + \text{Central}_{it} + \text{Local}_{it} + \varepsilon_{it} \quad (4\text{-}2)$$

式中，下标 i 表示各工业行业；t 表示年份；ε_{it} 表示时变误差且遵循一阶自回归过程。

在式（4-2）中，所有变量均采用对数形式，这样便于消除多重共线性并对系数进行经济学意义上"弹性"的解释。由于统计指标的调整,将橡胶和塑料合并为"橡胶和塑料行业",其余统计口径不一致的部门根据内容进行了合并,共有 37 个行业。为了比较部门差异,将样本进一步细分为采掘业(5 个行业)、高技术制造业(11 个行业)、低技术制造业(18 个行业)和电力煤气及水生产供应业(3 个行业)4 个子样本。研究数据采用中国工业行业规模以上企业数据,分别来自《中国科技统计年鉴》(2003~2014 年)和《中国统计年鉴》(2003~2014 年),以 1978 年为基期进行了价格平减。主要变量的描述性统计见表 4-1。

表 4-1 主要变量的描述性统计

统计参数	Patent	Newsale	Market	Invest	RD	Techbuy
平均值	6.323	7.052	0.986	0.994	4.581	2.138
中位数	6.417	7.500	1.013	1.025	4.768	2.498
最大值	11.493	10.957	2.876	3.168	7.997	6.415
最小值	0.693	−5.209	−1.805	−1.159	−0.643	−4.727
标准差	1.946	2.437	1.091	1.015	1.765	2.209
偏度	−0.143	−1.570	−0.269	0.060	−0.406	−0.480
峰度	2.914	7.196	2.359	2.121	2.831	2.821
观测值	396	396	396	396	396	396

4.3.2 结果分析

在对面板数据进行回归以前,需要对各面板序列的平稳性进行检验。如果数据是平稳的,说明变量之间的相关关系具有较高的稳定性。反之，如果变量是非平稳的，则可能出现"伪回归"，估计结果缺乏有效性。这里采用单位根检验方法，发现除了 Patent 是二阶平稳的面板序列以外，其余变量都是一阶平稳的面板序列。

在整体样本估计中，首先采用随机效应模型对技术创新链上各内生变量进行估计，然后加入环境变量，采用 10% 通过概率对整体样本进行后向逐步回归，提炼出关键变量。在子样本中，分别对采掘业、电力生产业、低技术制造业和高技术制造业等行业进行回归，以发现行业差异。估计结果见模型 Ⅰ～模型 Ⅻ。表 4-2 和表 4-3 中模型估计的 R^2 值均在 0.7 以上，F/W 值比较大，说明模型估计的拟合度和显著性水平都比较高。

表 4-2 专利产出方程

参数	模型 Ⅰ	模型 Ⅱ	模型 Ⅲ	模型 Ⅳ	模型 Ⅴ	模型 Ⅵ
Newsale	0.063* (1.59)	0.070** (2.01)	−0.146**** (−2.81)	0.097*** (2.08)	—	−0.630**** (−4.60)
Market	0.389**** (3.84)	0.202*** (2.25)	0.966*** (5.21)	—	—	—
Invest	—	−0.246**** (−3.14)	—	—	—	—
RD	0.997**** (12.89)	0.988**** (17.43)	0.593**** (4.78)	0.802**** (9.96)	0.794**** (10.16)	1.625**** (10.60)
Techbuy	−0.268**** (−9.32)	−0.073*** (−2.00)	−0.178**** (−4.16)	—	−0.148**** (−2.83)	—
Contr	—	1.677**** (7.77)	—	—	5.909*** (2.69)	—
Town	—	—	—	8.153**** (3.43)	—	—
Central	—	—	—	—	−0.489** (−1.79)	—

续表

参数	模型 I	模型 II	模型III	模型IV	模型 V	模型VI
Local	—	—	—	−0.240*** (−2.45)	−0.177** (−1.90)	0.089**** (8.93)
Cons	—	−6.886**** (−4.25)	3.204**** (7.99)	45.790**** (−3.39)	−31.665*** (−2.56)	4.266**** (3.04)
观测值	396	396	55	44	187	121
R^2	0.778	0.863	0.906	0.925	0.745	0.875
F/W 值	115.57(W值)	409.14	120.91	120.50	136.92	210.50

注：****、***、**和*分别表示系数估计在1%、5%、10%和15%水平上显著；R^2表示拟合优度；F值和W值为方程检验的整体显著性；括号内的数据为上方回归系数对应的t统计量；—表示未通过显著性检验。

表 4-3 新产品产出方程

参数	模型VII	模型VIII	模型IX	模型 X	模型XI	模型XII
Patent	0.108* (1.67)	—	−1.113**** (−4.31)	0.944*** (2.30)	—	−0.153**** (−3.79)
Market	0.546**** (4.21)	1.007**** (8.69)	3.143**** (4.56)	—	—	—
Invest	−0.707 (−4.72)	−1.339*** (−2.09)	−1.891**** (−3.79)	−0.660**** (−2.93)	0.559**** (6.28)	—
RD	0.966**** (9.07)	1.061**** (16.41)	1.274**** (4.99)	0.824** (1.88)	0.311**** (4.60)	0.883**** (14.08)
Techbuy	0.136**** (3.48)	0.235**** (6.80)	—	—	0.105**** (3.47)	0.298**** (9.15)
Contr	—	—	—	−30.608**** (−2.78)	—	—
Town	—	—	—	—	2.697**** (3.52)	0.835**** (4.90)
Central	—	—	—	—	—	—
Local	—	—	—	1.313*** (2.87)	−0.063** (−2.04)	—
Cons	—	2.030**** (9.92)	5.741**** (4.92)	169.461*** (2.74)	−10.867*** (−2.49)	−1.796** (−1.83)

续表

参数	模型Ⅶ	模型Ⅷ	模型Ⅸ	模型Ⅹ	模型Ⅺ	模型Ⅻ
观测值	396	396	55	44	187	121
R^2	0.833	0.846	0.685	0.788	0.899	0.948
F/W值	824.60（W值）	543.31	30.36	28.25	321.78	532.56

注：****、***、**和*分别表示系数估计在1%、5%、10%和15%水平上显著；R^2表示拟合优度；F值和W值为方程检验的整体显著性；括号内的数据为上方回归系数对应的t统计量；—表示未通过显著性检验。

在模型Ⅰ和模型Ⅱ中，反映有效需求的变量Newsale和Market分别至少通过了15%和5%的显著性水平检验，说明市场有效需求已经对企业技术创新产生了正向反馈机制。一方面，市场需求扩张为企业创新提供了必要的利润支持和信息反馈；另一方面，企业创新在市场需求旺盛的领域表现得非常活跃。反映研发投入的变量RD通过了1%显著性水平检验，系数为正，反映技术引进的变量Techbuy系数显著为负，说明研究区间内中国工业技术创新受到供给侧研发推动的效应非常显著，而技术引进对中国工业技术创新产生了挤出效应。中国工业是在短缺经济形势下发展起来的，长期保持单一的生产功能。中外工业技术早期存在巨大"势差"，中国工业企业往往通过技术引进来弥补技术不足，导致企业研发功能发育迟缓。自1978年全国科学大会召开以来，中国政府迅速启动工业技术改造等一系列科技计划，短期内形成了由政府主导的工业创新体系，公共研发机构成为重要的技术供给者，技术创新开始活跃。

在子样本中，变量Newsale在电力煤气及水生产供应业中显著为正，在采掘业和高技术制造业中显著为负。这是由于中国电力煤气及水生产供应部门具有市场垄断地位，便于获得超额利润并进行技术研发，形成良性循环。采掘业属于典型的要素密集型行业，长期以生产成熟产品为主，难以通过新产品销售促进技术创新。尽管中国高技术制造业产品技术密集度较高，但是大多缺乏自主创新能力，难以形成合理的技术创新反馈循环。

在模型Ⅱ中，反映扩大投资的 Invest 显著为负，说明扩大投资抑制了中国工业技术创新。近年来，中国扩大投资仍然向基础设施建设等要素密集型领域倾斜，容易对技术密集度高的新产品产生挤出效应，导致扩大投资对生产链的拉动效应较为显著，而对技术创新链产生抑制作用。例如，2008 年为了应对世界金融危机，中国推出一揽子经济刺激计划，大量资金进入铁路、公路、机场和城市电网改造等项目，其中仅铁路投资就高达 2 亿元，形成了巨大的增长动力源。

在模型Ⅱ中，Contr 的系数显著为正，其他环境变量的系数都未通过显著性检验，说明农村消费市场已经成为促进中国工业创新的重要外部力量。近年来，经济增长及农村税费改革极大释放了农村的消费能量，带动了农村现代化建设，农村消费市场在中国工业创新中成为不可忽视的力量。

新产品销售收入反映了产品、工艺和组织实践与市场需求的匹配程度，这个过程在很大程度上要求企业调整组织结构，以适应新的市场机会和技术机会，在技术创新链上具有承上启下的作用。在对新产品的检验中可以发现，反映市场需求的变量 Market 在模型Ⅶ～模型Ⅸ中的系数显著为正，这说明在市场经济渐趋完善的条件下，中国工业新产品与市场需求之间的匹配程度较高，市场需求正在成为新产品研发的重要拉动力量。

在反映技术来源的变量中，RD 系数在所有模型中均显著为正，Patent 在模型Ⅶ中系数显著为正，在模型Ⅷ中未通过检验，而 Techbuy 在模型Ⅶ和模型Ⅷ中系数均显著为正，这反映出在中国研发强度逐渐增大的背景下，较之于国内技术创新，国外技术引进对中国工业产品创新的促进作用更加显著。

反映投资规模的 Invest 在模型Ⅶ～模型Ⅹ中系数显著为负，而在模型Ⅺ中系数显著为正，说明在要素密集度高的行业中，扩大投资对新产品的挤出效应非常显著，而在高技术行业中，扩大投资能够促进新技术转化，提高新产品产出水平。这一结论与 4.2 节假设Ⅱ较为一致。

在环境变量中，Town 在高技术制造业和低技术制造业样本中均显著为正，说明城镇居民消费水平的提高有效促进了制造业产品产出。Local 在电力生产业样本中系数显著为正，在低技术制造业样本中显著为负，说明地方政府支出有利于电力生产业的产品产出，但是不利于低技术制造业的产品产出。

4.3.3　对市场激励机制的检验

获取超额利润是激励企业创新的关键动力，包括提供丰厚的利润报酬和重要的产品信息等。在技术创新链上，利润报酬是将市场反馈转化为研发行为的重要机制。为了进一步检验市场激励机制，本书选择中国工业利润总额（Profit）和利润率（Profiratio）作为待解释变量，采用随机效应模型检验扩大内需对这两个变量的影响。然后以中国工业内部研发支出为待解释变量，分别检验中国工业利润总额和利润率对研发支出的影响。估计结果见模型ⅩⅢ～模型ⅩⅥ。

表 4-4 中的结果表明,模型的 R^2 值都在 0.5 以上,W 值比较大,说明模型的拟合程度和显著性水平都比较高。在模型XIII和模型XIV中,可以发现有效需求扩张对中国工业利润总额产生了显著的正向影响,但是对中国工业利润率产生了显著的负向影响,新产品有效需求对中国工业利润总额的影响不显著,但是对中国工业利润率具有显著的正向影响。由于中国工业企业长期以生产成熟产品为主,不重视新产品的研发和生产,导致新产品销售收入比重一直偏低。据统计,2003 年全国规模以上工业企业新产品销售收入占销售总收入的比重仅为 0.1%,直到 2010 年才到 0.4% 以上,所占利润份额较少。由于新产品有效需求较小,扩大内需主要提升了成熟产品的有效需求,从而抑制了总体利润率上升。

表 4-4 市场激励效应方程

参数	模型 XIII	模型 XIV	模型 XV	模型 XVI
Newsale	—	0.021*** (6.15)	0.242*** (10.82)	0.219*** (9.31)
Market	0.054** (2.19)	−0.105*** (−11.28)	0.366*** (5.85)	0.467*** (6.58)
Invest	0.250*** (7.02)	0.095*** (7.26)	0.666*** (7.43)	0.677*** (7.37)
Profit	—	—	0.297** (2.34)	—
Profiratio	—	—	—	0.809** (2.41)
Cons	−0.012* (−1.90)	−0.051** (−2.25)	1.759 (11.99)	1.835*** (12.26)
观测值	396	396	396	396
R^2	0.524	0.501	0.872	0.863
W 值	219	136.07	1212.11	1170.41

注:***、**和*分别表示系数估计在 1%、5%和 10%水平上显著;R^2 表示拟合优度;W 值为方程检验的整体显著性;括号内的数据为上方回归系数对应的 t 统计量;—表示未通过显著性检验。

在对企业研发支出的检验中可以发现,无论是中国工业利润总额,还是中国工业利润率,对于企业研发支出均具有显著的正向影响。通过计算技术创新链关键变量的变化弹性发现,利润总额变化率要高于总体有效需求变化率,但是低于内部研发支出变化率,而新产品产出变化率又高于内部研发支出变化率,但是低于总体有效需求变化率。综合而言,可以发现成熟产品有效需求扩张能够通过生产链对中国工业研发产生不断放大的激励效应,但是这种效应在技术和商业创新过程中出现了明显下降。所以在增加对新产品有效需求的基础上,要注重改善技术创新和商业创新过程,提高中国工业的创新能力。

4.4 本章小结

在自主创新战略和扩大内需政策持续深入的情况下,中国工业高强度的研发供给和复杂的市场需求之间存在巨大的鸿沟。本书首先分析了扩大内需对中国工业创新的影响机制,并进行了实证检验,得出如下主要结论:市场有效需求已经对中国工业技术创新和产品创新产生了显著的正向反馈机制。扩大投资总体上向基础设施建设等要素密集型领域倾斜,容易对技术密集度高的新产品产生挤出效应,抑制技术创新。在供给侧,研发供给对新产品和新技术的促进效应非常显著。由于缺乏核心技术,中国工业产品创新主要依赖于技术引进,但是对专利技术创新产生了挤出效应。

在子样本检验中,发现电力煤气及水生产供应等垄断部门能够通过产品创新获得超额利润,形成良性技术创新循环。扩大投资在高技术制造业样本中促进了新产品产出,在其他行业中均显示出了抑制作用。在环境变量中，农村消费能力对中国工业技术创新具有正向影响，而城镇消费能力主要促进了新产品创新。地方政府支出有利于电力、煤气和水等垄断部门产品创新，但是不利于低技术制造业产品创新。根据研究结论提出如下主要建议。

第一，有计划地培育新产品的领先市场，提升消费市场，促进中国工业创新的内生动力。通过减税、转移支付等手段增强私人部门的消费能力，通过舆论宣传引导消费者购买新产品；加大政府对新产品的补贴力度，扩大补贴范围；实现由企业补贴向消费者补贴转变，通过市场竞争提高新产品创新的补贴效率；发挥政府支出对新产品创新的促进作用，加强对新产品的采购等。

第二，注重优化投资结构。加大对高技术行业的投资，为新技术运用和新产品转化提供机遇和空间；加大中国工业自主创新投入力度，力争早日突破产业关键技术和产业共性技术，形成可持续的工业自主创新能力；推动中国工业进行大规模技术改造，促进新技术、新工艺的应用，提高产品创新效率。

第三，优化中国工业创新体系。协调公共研发机构和工业企业之间的关系，理顺中国工业研发体系，使企业成为真正的创新主体；加强产业技术创新战略联盟构建，发挥市场需求的牵引和反馈机制，提高产学研转化效率。

第5章 政府采购与区域创新

5.1 研究背景

技术创新是一国经济可持续发展的决定性因素。支持一国技术创新的公共政策可归纳为两种：一种是供给推动，即通过研发补贴和税收优惠等形式激励技术创新（王遂昆和郝继伟，2014）；另一种是需求拉动，即通过政府采购等行为，为企业的创新产品提供市场，以此刺激技术创新（常超等，2008）。在发达国家中，政府采购作为促进技术创新、推动技术进步的政策工具，发挥了重要作用。

我国政府采购制度始于1995年，随着社会经济的不断发展，政府采购规模逐年扩大。1998年我国政府采购规模为31亿元，2011年增加至11332亿元，成为重要的财政支出内容。目前，财政部门主要通过考核财政资金的效率来评价政府采购绩效，对政府采购如何影响本土创新缺乏重视。随着我国自主创新战略的推进，如何利用政府采购促进本土创新，已经成为实践领域的重要命题。本书在对我国政府采购进行综合分析的基础上，通过检验揭示政府采购影响本土创新的机理，提出相应对策。

现有文献表明，政府采购在国家层面和企业层面能够促进本土创新。Rothwell（1984）通过分析政府采购和研发补贴对本国创新的不同激励效果，提出从长期看政府采购更能刺激本国创新的发展并且能够在更多领域发挥作用的观点。Aschhoff 和 Sofka（2009）用德国 1100 家制造业与服务业的数据实证分析了政府采购对德国本土企业创新的作用，结果表明政府采购对本土企业创新能力的提高有积极影响。Geroski（1990）通过对国家创新需求的定量和定性分析指出，与正常的研发投入相比，政府采购的本土创新激励效应更加显著。Vecchiato 和 Roveda（2014）指出政府采购是一国创新的主要来源，政府采购对创新的潜在作用不仅能通过采购市场已有商品发挥出来，还能通过购买满足当地居民特定需求的新产品发挥出来。王铁山和冯宗宪（2008）通过美国的案例详细分析了政府采购对美国本土创新的激励机制，认为政府采购促进美国本土创新的 3 个企业内部要素为资金要素、风险要素和能力要素；3 个社会环境要素分别为社会导向、市场需求和产业竞争。

在国内样本中，艾冰（2009）运用 2001～2005 年的时间序列数据，建立灰色关联矩阵模型与多元回归模型测度政府采购在促进本土创新方面的重要程度，发现随着政府实际购买水平的提高，本土创新水平也相应提高，政府采购的拉动效应明显。白彦锋和徐晟（2012）指出政府采购能够降低本土企业自主创新的风险，并整合中小型企业的创业资源，从而使其在支持本土创新产业发展中占据重要地位。贾明琪等（2014）检验了政府采购规模与本土技术创新能力的关系，结果表明政府采购规模对本土技术创新能力具有长期促进效应。徐进亮等（2014）以北京市政府采购福田新能源汽车为例，指出政府采购促进了福田新能源汽车的创新成果转化，进而提高了本土企业的创新效率。晋朝军（2015）利用 2002～2011 年的数据，发现政府采购规模对本土自主创新水平具有显著影响作用,提出我国应坚持政府采购对本土创新的政策倾斜、扩大对创新产品的政府采购规模。

然而,也有学者认为不同类型的政府采购对本土创新能力的影响存在差异。Uyarra 和 Flanagan(2010)指出政府采购存在多样化的现象,并不是所有的政府采购都能促进本土创新能力的提高,政策制定者应该对不同类型的政府采购加以区别。Guerzoni 和 Raiteri(2012)在研发补贴与政府采购共同促进本土企业技术创新的模型中,将政府采购作为控制变量,发现研发补贴对本土企业创新的影响不再显著。科特尔等(2012)指出现阶段的创新几乎都产生于非垄断的竞争经济体,强化政府采购的市场属性有助于产生创新激励效应,如果运用不当,政府采购将成为地方保护工具并抑制创新。Lember 等(2011)指出政府采购对国家创新存在显著的促进作用,但是由于政府对本土创新与政府采购之间的内在联系缺乏认识,也不愿意在通过政府采购促进本土创新时承担其风险,政府采购促进本土创新的作用被弱化。胡凯等(2013)运用 2000~2010 年的省级面板数据进行研究,发现我国政府采购对本土创新能力缺乏促进作用。

尽管现有文献已经对政府采购的创新效应展开了研究,但是由于我国区域发展长期沿用政府推进的发展模式,在政府政策、产业发展和创新活动方面具有空间上的一致性,政府采购对本土创新的影响还需从区域层面进行检验。本书以我国 29 个省级单位 2001~2011 年数据为样本[①],在分析我国政府采购演变的基础上,检验政府采购对我国本土创新能力的影响。

---

① 由于数据的可得性,本研究样本不包含港、澳、台地区。西藏数据缺失较多,未纳入样本。为了保持数据口径的一致,将重庆数据合并到四川,研究样本共计 29 个。

5.2 我国政府采购的演变

我国政府采购制度始于 1995 年上海市对财政部专项设备的购置实行政府采购试点,即由财政部门对政府机关公务车、电器专用设备、高档办公用品等设备进行采购。1996 年的全国财政工作会议指出我国需要借鉴发达国家的公共财政支出管理经验,推行政府采购制度。此后许多省(自治区、直辖市)的财政部门逐渐开展政府采购试点。1997 年,重庆市对行政单位 65 辆公务车采用公开招标的方式进行采购,并颁布了一系列政府采购的地方性法规,如《政府采购物品及资金来源表》和《重庆市政府货物招标采购办法》,促进了政府采购的标准化。1998 年,深圳市以立法形式颁布《深圳经济特区政府采购条例》,成为我国首部地方政府采购法规。

在国家层面,1998 年第九届全国人大常委会第五次会议将制定的《中华人民共和国政府采购法》列入立法规划,政府采购工作开始全面展开,截至 1999 年,全国已有 28 个省(自治区、直辖市)建立了政府采购机构。2002 年,我国颁布了《中华人民共和国政府采购法》,并于 2003 年 1 月正式实施,对于政府采购的运行机制范围做出了明确的规定。2006 年召开的全国科学技术大会对政府采购激励创新的政策做了系统表述,面向创新的政府采购开始引起关注。

自政府采购制度实施以来,我国政府采购规模迅速扩大。2002～2011 年,我国政府采购规模呈现持续扩大态势。2002 年,政府采购总额为 653.16 亿元,到 2011 年上升至 11332.46 亿元,比 2002 年增加了

16.35倍。我国政府采购主要包括货物采购、工程采购和服务采购三类，其中，工程采购金额所占比重最高，长期高于货物采购和服务采购金额总和。从增长速度来看，工程采购年均增速最高，达到42.7%，货物采购年均增长速度最低，为22.7%。从采购对象来看，我国政府采购主要面向国内企业产品。2011年，政府采购国内企业产品共计11040.7亿元，约占97.43%，对进口产品的采购额为291.8亿元，约占2.57%。从政府采购构成来看，2011年地方政府采购规模为10649.6亿元，约占93.98%，成为政府采购的主要执行主体。

我国政府采购分布极其不均衡，不同省份之间差异较大。与东、中部地区相比，西部地区经济发展速度缓慢，政府采购金额较低。而由于产业发展和财政政策差异，同一区域的政府采购规模往往也存在差异。表5-1显示，东部省份和中部省份政府采购规模较大，其中，广东政府采购规模长期居于首位，2011年开始被江苏超过。以2011年为例，江苏政府采购规模为1117.9亿元，广东为1040.5亿元，山东为847亿元，浙江777.9亿元，中部省份中河南为569.9亿元，五省政府采购规模共计4353.2元，占全国地方政府采购总额的39.18%。

表5-1 政府采购区域差异

年份	政府采购规模前五位	比重/%	政府采购规模后五位	比重/%
2002	广东、上海、江苏、浙江、山东	32.99	贵州、宁夏、湖北、海南、青海	1.38
2003	广东、江苏、福建、四川、上海	31.46	陕西、贵州、河北、海南、青海	2.15
2004	江苏、山东、浙江、广东、上海	31.92	甘肃、陕西、贵州、海南、青海	3.14
2005	广东、江苏、山东、浙江、上海	37.10	宁夏、贵州、甘肃、海南、青海	3.13
2006	广东、江苏、山东、浙江、上海	39.09	宁夏、贵州、甘肃、海南、青海	3.10

续表

年份	政府采购规模前五位	比重/%	政府采购规模后五位	比重/%
2007	广东、江苏、浙江、山东、上海	39.59	宁夏、贵州、甘肃、海南、青海	2.78
2008	广东、江苏、浙江、山东、上海	40.12	宁夏、贵州、甘肃、海南、青海	3.03
2009	广东、江苏、浙江、山东、河南	38.63	贵州、宁夏、甘肃、青海、海南	3.05
2010	广东、江苏、浙江、山东、安徽	39.79	陕西、宁夏、甘肃、青海、海南	3.41
2011	江苏、广东、山东、浙江、河南	39.18	山西、陕西、甘肃、海南、青海	3.45

政府采购主要取决于地方政府财政能力和财政政策的灵活性，如浙江不仅财政基础较好，还具有灵活的财政政策，通过扩大采购目录并降低政府采购限额标准，扩大了政府采购范畴。在政府采购规模较小的省份中，除了海南、湖北、河北及山西以外，其余省份均位于西部地区，这5个省份的政府采购总额占全国比重仅为3.45%，除了经济发展缓慢以外，财政政策较为单一也是重要的原因。

政府采购强度是指政府采购金额与当年GDP的比值。从表5-2可以看出，我国政府采购金额占GDP的比例在逐年提高，已经从2002年的0.80%上升至2011年的2.40%，上升趋势明显。在政府采购制度发达的国家，政府采购金额一般占GDP的10%左右，我国政府采购强度与之相比，还有较大差距。

表5-2 政府采购强度演化 （单位：%）

地区	2002年	2003年	2004年	2005年	2006年	2007年	2008年	2009年	2010年	2011年
北京	1.34	1.80	1.78	1.57	1.47	1.65	1.67	1.64	1.47	1.86
天津	0.63	0.90	1.05	1.29	1.43	1.29	0.01	1.55	0.15	1.55
河北	0.37	0.05	0.83	0.85	0.88	1.08	1.28	1.77	1.94	1.78
山西	0.59	0.76	0.79	0.79	0.93	1.22	1.24	1.33	1.27	1.21

续表

地区	2002年	2003年	2004年	2005年	2006年	2007年	2008年	2009年	2010年	2011年
内蒙古	0.76	1.03	1.25	1.15	1.23	1.42	1.58	2.24	2.53	2.36
辽宁	0.75	1.03	1.05	1.38	1.38	1.43	1.40	1.49	1.42	1.69
吉林	0.50	0.88	1.20	1.32	1.46	1.54	1.56	1.69	1.69	1.66
黑龙江	0.53	0.65	0.69	0.99	1.04	1.00	1.17	1.41	1.40	1.74
上海	1.28	1.45	1.58	1.72	1.96	2.22	2.36	2.46	2.38	2.09
江苏	0.65	0.98	1.18	1.32	1.55	1.64	1.94	2.20	2.18	2.28
浙江	0.73	0.85	1.13	1.23	1.47	1.76	2.04	1.96	1.76	2.75
安徽	0.48	0.71	0.94	1.39	1.49	2.20	2.89	3.48	3.33	3.63
福建	0.57	1.74	1.58	1.41	1.29	1.29	1.10	0.86	0.75	1.68
江西	0.67	0.89	1.16	1.31	1.40	1.36	1.51	1.53	1.38	1.20
山东	0.51	0.67	0.84	1.04	1.07	1.11	1.31	1.45	1.63	1.87
河南	0.57	0.74	0.83	1.09	1.27	1.39	1.36	1.87	1.77	2.12
湖北	0.05	0.67	0.01	1.16	1.29	1.58	1.61	1.69	1.66	1.56
湖南	0.70	0.90	1.14	1.19	1.22	1.14	1.20	1.26	1.51	1.52
广东	0.71	0.94	0.79	1.44	1.62	1.65	1.70	2.03	1.98	1.91
广西	0.88	1.06	1.28	1.18	1.31	2.25	2.24	3.53	3.24	4.70
海南	0.35	0.56	0.61	1.07	1.23	1.03	1.19	1.04	1.06	1.56
四川	0.49	1.67	1.12	1.49	1.54	1.43	1.51	1.64	1.43	1.39
贵州	0.41	0.97	1.15	1.27	1.26	1.12	1.51	1.99	2.00	3.25
云南	0.81	1.06	1.27	1.46	1.63	1.57	1.70	2.35	2.72	2.79
陕西	0.46	0.55	0.66	0.72	1.09	1.29	1.03	1.00	0.87	0.89
甘肃	1.41	1.37	1.34	1.21	1.15	1.08	1.13	1.48	1.47	1.42
青海	0.39	0.49	0.89	0.87	1.26	1.48	1.43	1.80	3.50	2.39
宁夏	0.98	4.91	5.50	4.62	5.12	4.71	4.98	4.53	4.14	3.74
新疆	0.94	1.17	1.41	1.59	2.22	2.13	2.09	2.23	1.91	2.21

从区域层面来看，经济发达地区政府采购强度通常都比较高，如2011年上海、江苏、浙江等政府采购强度均在2.0%以上，而陕西、山

西、四川、江西等省份，政府采购强度较低。值得注意的是，2010 年以来广西、云南和宁夏等省区政府采购强度远高于平均水平，部分省区甚至达到 4.7%，反映出政府采购作为重要的政策工具，开始在经济发展中扮演着重要的角色。

5.3 实证结果与分析

5.3.1 模型与数据

本部分借助计量模型来检验政府采购的本土创新效应。在变量选择上，政府采购反映了国内公共需求，还考虑国内私人需求和国外市场需求的影响，分别用政府采购金额、国内 GDP 和出口贸易值作为代表变量。在供给侧，采用科学家与工程师全时工作当量、研发投入内部支出作为研发人力资本投入和资金投入的代理变量。在产出变量中，由于创新过程需要经过研究开发、产业化应用和市场运作 3 个阶段（刘和东和梁东黎，2006），这里借鉴史欣向和陆正华 (2010) 对自主创新阶段的划分，将其分为研发设计和产品转化两个过程，采用发明型专利申请数和新产品销售收入作为代表变量。由于政府政策、产业发展和创新活动在空间上具有高度的关联性，这里采用省级单位样本构建计量方程进行检验，具体如下：

$$\ln \text{IP}_{it} = \alpha_0 + \beta_1 \ln G_{it} + \beta_2 \ln D_{it} + \beta_3 \ln E_{it} + \beta_4 \ln L_{it} + \beta_5 \ln K_{it} + \mu_{it} \quad (5\text{-}1)$$

$$\ln \text{NP}_{it} = \alpha_0 + \beta_1 \ln G_{it} + \beta_2 \ln D_{it} + \beta_3 \ln E_{it} + \beta_4 \ln L_{it} + \beta_5 \ln K_{it} + \beta_6 \ln \text{IP}_{it} + \mu_{it} \quad (5\text{-}2)$$

式中，i 和 t 分别表示省份和年份；IP 表示研发设计；NP 表示产品转化；

G 表示国内公共需求；D 表示国内私人需求；E 表示国外市场需求；L 表示科学家与工程师全时工作当量；K 表示研发投入内部支出；μ_{it} 表示误差项。

创新活动过程中，从研发投入到创新产出存在着一定的滞后期，这里将发明型专利产出滞后期设为两年，新产品产出滞后期设为一年。研究数据主要来源于《中国科技统计年鉴》（2003~2014 年）和《中国政府采购年鉴》（2003~2012 年）。由于发展水平的差异，研究样本不包含港、澳、台地区。由于西藏的部分数据缺失，重庆的数据合并到四川，本书最终选择 29 个省级单位作为样本。本书对数据取对数，有助于消除共线性，回归系数可以作为"弹性"解释。

5.3.2 结果分析

在采用面板数据进行分析时，主要考虑固定效应模型与随机效应模型。对随机效应模型进行 Hausman 检验后（表 5-3），发现模型（5-1）和（5-2）的 Chi-sq. 统计量的值分别为 41.954 和 6.603，相应的 P 值为 0.000 和 0.359，模型（5-1）的 P 值小于 0.05，说明模型（5-1）检验结果拒绝随机效应模型原假设，应该选择固定效应模型进行估计，而模型（5-2）的 P 值大于 0.05，表明其检验结果接受随机模型原假设，应选择随机效应模型进行估计。

表 5-3 Hausman 检验结果

参数	模型（5-1）	模型（5-2）
Chi-sq. 统计量	41.954	6.603
Chi-sq. 自由度	6	6
P 值	0.000	0.395

表 5-4 给出了估计结果,其中,两个估计方程的 R^2 值均在 0.9 以上,说明方程拟合程度较高。回归结果表明,滞后 2 期的政府采购金额对发明型专利申请数、滞后 1 期的政府采购金额对新产品销售额的影响分别通过了 1%和 5%显著性水平检验,且系数为正,说明政府采购对创新过程中的研发设计和产品转化环节均产生了显著的正向促进作用,弹性系数分别为 0.157%和 0.142%。本书认为政府采购的本土创新效应主要源自以下方面:第一,政府采购在招标过程中对待采购产品设定标准,为本土企业创新提供了导向,避免了本土研发投资的低效率,乃至重复投资。第二,政府采购为本土企业创造了稳定市场,降低了新产品进入市场的风险,有助于推动本土企业新技术、新工艺和新产品的研发。第三,政府采购往往优先支持本土企业,对于改善消费者对新产品的认识,提高自主品牌知名度和影响力,并引导社会其他主体支持本土企业自主创新具有积极作用。第四,跨国公司通过先进技术占领国内市场,但其核心技术却很少转移到国内,而政府采购能够给予本土创新成果优先采购的特权,同时通过吸引具有先进技术的跨国公司参与竞争,促使国内外厂商组建有效的技术联盟,推动跨国公司共享其核心技术,在消化吸收再创新的过程中提升本土企业的创新能力。

表 5-4 政府采购对本土创新的影响

变量	IP	NP
G_{-1}	—	0.142**
		(2.255)
G_{-2}	0.157***	—
	(3.939)	

续表

变量	IP	NP
D_{-1}	—	0.118*
		(1.747)
D_{-2}	0.024**	—
	(0.779)	
E_{-1}	—	0.491***
		(6.066)
E_{-2}	0.031**	—
	(0.526)	
L_{-1}	—	0.153**
		(2.003)
L_{-2}	−0.104*	—
	(−1.809)	
K_{-1}	—	0.136*
		(1.684)
K_{-2}	0.183*	—
	(2.042)	
IP_{-1}	—	0.125*
		(1.362)
IP_{-2}	0.578***	—
	(9.093)	
R^2	0.988	0.933

注：括号内的数据为上方回归系数对应的 t 统计量；—表示未通过显著性检验；*、**和*** 分别表示在1%、5%和10%的显著性水平上拒绝系数为零的原假设。

在其余变量中，国内私人需求、国外市场需求和研发投入内部支出对发明型专利申请数和新产品销售额的影响显著为正，说明国内私人需求、国外市场需求和研发投入内部支出对研发设计创新和产品转化创新有促进作用。科学家和工程师全时工作当量对发明型专利申请数的影响显著为负，对新产品销售收入的影响显著为正，说明研发人力资本投入抑制了发明型专利申请数，但是对产品转化创新有显著的促进作用，这与罗小芳与李柏洲（2013）的研究结论一致。在我国大力推进自主创新的战略背景下，由于缺乏协调分工，研发人力资本增加容易出现"要素拥挤"，出现与发明型专利相反的变化趋势。

发明型专利申请数对新产品销售收入的影响系数显著为正，说明研发设计创新能显著促进新产品销售收入的增长，也说明我国本土创新过程中产学研结合较好，这不仅得益于政府政策的支持与引导，也得益于企业更加重视对科研机构和高校研发成果的消化吸收。

5.4 结论与建议

本书将研发活动分为两个阶段，以2002~2011年我国29个省（自治区、直辖市）的面板数据为样本，以政府采购需求为研究视角，实证检验了政府采购对我国本土创新的影响。研究结果表明，政府采购对我国本土创新有明显的促进作用，国内私人需求、国外市场需求和研发投入内部支出对我国本土创新有显著的促进作用，研发人力资本投入对研发设计创新有显著的抑制作用，对产品转化创新有显著的促进作用。根据以上研究结论提出以下政策建议。

第一，明确本土创新产品的认证评价标准，强化政府采购支持本土创新的政策取向。进一步完善政府采购机制，形成创新导向型政府采购的政策支撑体系；扩大政府对本土创新产品的采购规模，为本土创新开拓市场需求。

第二，挖掘国内市场潜力，促进本土创新发展。国内消费者的潜在需求是本土创新的源泉，因此我国应改善收入分配不平等状况，提高居民可支配收入，积极扩大有效需求规模。同时要积极开拓海外市场，提高对外开放度，利用国外前沿需求促进本土创新。

第三，协同研发要素投入，提高区域创新效率。研发要素投入能够促进本土创新能力提高，但是由于各地区之间缺乏协调分工，容易出现对同一技术重复研发的现象。我国需要加速完善各地区创新战略规划，增强各地区间研究方向与研究成果的互补性，避免低效率的同质性重复研发。

第6章　自主研发对中国工业能源效率的影响

"世界工厂"在为中国经济带来增长奇迹的同时，也带来了严重的能源消耗问题，被认为是"不可持续的增长"（Krugman，1994）。据测算，中国工业能源消耗占国民经济的比重长期在50%以上（Uyarra and Flanagan，2010），尤其是自1998年进入工业化加速阶段以来，能源消耗速度明显上升，成为制约中国工业进一步发展的关键因素（庞瑞芝，2009；刘伟，2006；阚大学和吕连菊，2015）。随着中国工业自主研发的持续深入，中国工业能源效率提升的内生性动力逐步增强。根据2012年的《中国科技统计年鉴》统计，2011年中国工业自主研发投入高达5904.1亿元，较1993年增长了24.1倍，在能源环境技术和工业共性技术方面积累了重要优势。在我国自主创新战略不断深入的情况下，研究中国工业自主研发促进工业能源效率提升的内在机制和效应，对于探索中国工业可持续发展具有重要的理论意义和实践价值。

现有研究大多采用全要素生产率来测量中国工业能源效率及其变化。李子奈和潘文卿（2000）将能源消耗视作中间投入要素引入生产函数方程，提出了基于生产函数的能源全要素生产率分析框架。在这一框架下，陈诗一（2011）采用随机前沿分析方法，在测算中国工业能源效率的同时，还对相关影响因素进行了检验。由于生产函数法对能源消耗等投入要素进行了严格的线性关系假设，与现实情况存在一定差异，而采用线性规划技术的 DEA 能够回避该严格假设条件，因此，基于 DEA 的 Malmqmuist 指数方法等在实践中被大量应用（王婷婷和朱建平，2015；曹霞和于娟，2015）。在 Malmqmuist 指数方法的基础上，学者还采用加法结构的 Luenberger 生产率指标测度能源效率（Chambers et al.，1996），能够获得方向性距离函数优势并提高测度效率。

由于研发活动和生产活动分属于两个完全不同的环节，如果直接将自主研发作为投入要素测度能源全要素生产率，容易产生偏差。在冯根福等（1996）、成力为和戴小勇（2012）的研究中，对于研发活动的研究也仅限于测度中国工业研发效率。考虑到现有研究的不足，本书做了如下改进：在综合非参数技术优势的基础上，构建 Luenberger 指数测度中国工业能源效率；从内生性视角出发，构建自主研发影响中国工业能源效率的内在机制，并采用 GMM 模型对相应的传导机制进行检验，为中国工业实现可持续发展提供决策依据。

6.1　中国工业能源效率测度

6.1.1　方法与数据

生产函数法对生产投入要素和相关影响因素进行了严格的线性关系设定，测算结果受研究经验的影响较大。而非参数方法将生产过程视为"黑箱"，可以计算不同条件下的距离函数以获得效率值。在非参数方法中，尽管扩展的 Malmquist-Luenberger 指数继承了 Malmquist 指数的乘法特征，但是却牺牲了方向性距离函数的优势。Chambers 等（2006）

根据方向性距离函数的特点，发展了一种新的加法结构测度生产率，即 Luenberger 生产率指标。

设定无效率值为 IE，可以设定 t 期和 $t+1$ 期之间的 Luenberger 生产率指标：

$$LTFP_t^{t+1} = \frac{1}{2}\{[IE_{c,t}(t) - IE_{c,t}(t+1)] + [IE_{c,t+1}(t) - IE_{c,t+1}(t+1)]\} \quad (6\text{-}1)$$

对于生产率指数的分解主要是基于内生增长理论进行的，生产率变化可以分解成技术前沿面进步（technical progress）和技术效率变化（efficiency change）。相应地，可以进一步分解 Luenberger 生产率指标：

$$LTP_t^{t+1} = \frac{1}{2}\{[IE_{c,t+1}(t) - IE_{c,t}(t)] + [IE_{c,t+1}(t+1) - IE_{c,t}(t+1)]\} \quad (6\text{-}2)$$

$$LEC_t^{t+1} = IE_{c,t}(t) - IE_{c,t+1}(t+1) \quad (6\text{-}3)$$

LTP_t^{t+1} 表示同一生产单元在 t 时期和 $t+1$ 时期技术前沿面的移动情况；LEC_t^{t+1} 表示同一生产单元在 t 时期和 $t+1$ 时期与技术前沿之间的距离。考虑规模效率，可以进一步分解：

$$LPTP_t^{t+1} = \frac{1}{2}\{[IE_{v,t+1}(t) - IE_{v,t}(t)] + [IE_{v,t+1}(t+1) - IE_{v,t}(t+1)]\} \quad (6\text{-}4)$$

$$LTPSC_t^{t+1} = \frac{1}{2}\{[IE_{c,t+1}(t) - IE_{v,t+1}(t)] - [IE_{c,t}(t) - IE_{v,t}(t)] +$$

$$[IE_{c,t+1}(t+1) - IE_{v,t+1}(t+1)] - [IE_{c,t}(t+1) - IE_{v,t}(t+1)] \quad (6\text{-}5)$$

$$LPEC_t^{t+1} = IE_{v,t}(t) - IE_{v,t+1}(t+1) \quad (6\text{-}6)$$

$$LSEC_t^{t+1} = \{[IE_{c,t}(t) - IE_{v,t}(t)] - [IE_{c,t+1}(t+1) - IE_{v,t+1}(t+1)]\} \quad (6\text{-}7)$$

式（6-4）～式（6-7）中，$LPTP_t^{t+1}$ 表示纯技术进步；$LTPSC_t^{t+1}$ 表示技

术规模变化，两者相加等于技术前沿面进步（LTP_t^{t+1}）。$LPEC_t^{t+1}$ 表示纯效率变化；$LSEC_t^{t+1}$ 则表示规模效率变化，两者相加等于技术效率变化（LEC_t^{t+1}）。这样，就可以对能源全要素生产率来源进行准确界定。

由于中国在 20 世纪 80 年代才开始使用国民经济核算体系（system of nation accounts，SNA）代替物质产品平衡表体系（system of materal product balance，MPS），如果以中国工业两位数目录进行分析，将会出现数据统计口径不一致的情况。所以本书选择 36 个一级行业（包括 12 个轻工业和 24 个重工业）规模以上企业作为样本，以保证数据的统计口径一致。研究样本年限为 1997～2011 年，研究数据主要来源于《中国统计年鉴》（1998～2012 年）和《中国工业经济统计年鉴》（1998～2012 年），并以 1978 年为基期剔除了价格因素。通过 MATLAB 软件计算式（6-4）～式（6-7）这 4 个线性规划方程，就能够获得相应的 Luenberger 生产率指数。

6.1.2 中国工业能源效率的变动特征

对 Luenberger 生产率指数进行分析可以发现，中国工业部门全要素能源效率在 1996～2011 年保持了较高的改善率，均值达到 9.7%。其中，技术前沿面进步的整体均值为 –0.56%，技术效率的整体均值达到 15.3%，这反映出中国工业能源效率的生产前沿面在不断退化，而中国工业能源效率距生产前沿面的距离在不断缩小，即"技术前沿面移动效应"出现下降，而整体的"结构效应"得到提升，导致整体效率出现了微弱改善。对生产率指标进一步分解可以发现，技术效率的提升主要得益于结构效应和规模效应的改善；纯技术进步出现了明显的增长,但是技术规模的下降导致了中国工业能源效率技术前沿面出现整体退化。

为了描述中国工业能源效率的动态变化趋势,对各效率指数的分阶段特征进行分析(表 6-1)。其中,中国工业全要素能源效率在 1996~2000 年的年均增长率达 19.9%,2001~2005 年降至 6.6%,2006~2011 年降至 5.4%。在对效率指标的进一步分解中,可以发现全要素能源效率初期的高改善率主要得益于纯技术进步和规模效率,二者在后期则出现了快速下降。与前两者的趋势恰好相反,中国工业在 1996~2000 年的技术规模和纯效率均为负值,而后期则上升为正值。

表 6-1 中国工业全要素生产率指数

工业行业	年份	全要素能源效率/%	技术前沿面进步/%		技术效率变化/%	
			LPTP	LTPSC	LPEC	LSEC
整体行业	1996~2000	19.9	20.6	−21.2	−17.3	37.8
	2001~2005	6.6	−11.4	−6.8	19.3	5.5
	2006~2011	5.4	0.9	0.7	2.4	1.4
	1996~2011	9.7	2.0	−7.6	2.8	12.5
轻工业	1996~2000	−0.9	4.4	1.1	−3.3	−3.1
	2001~2005	−7.9	−4.2	−9.7	2.5	3.6
	2006~2011	4.3	0.7	−0.2	2.7	1.1
	1996~2011	−1.1	0.0	−3.0	1.0	0.8
重工业	1996~2000	30.4	28.7	−32.3	−25.2	50.2
	2001~2005	13.9	−15.0	−5.3	28.5	5.6
	2006~2011	5.2	0.9	1.2	2.3	1.4
	1996~2011	15.1	3.0	−9.9	3.7	15.8

对中国工业部门进行分组比较可以发现,轻工业全要素能源效率逐渐从负值上升为正值,而重工业全要素能源效率则出现了阶梯式下降的趋势,且前者的均值为负,后者均值高达 15.1%,说明轻工业能源效率整体上出现了退步,而重工业能源效率得到了大幅度提升。纯效率指数在轻工业样本和重工业样本的初期均为负,但是到中后期开始为正;纯技术进步指数在轻工业样本和重工业样本中经历了初期的正值以后,中期迅速下降为负值。可以看出能源效率中的技术改善主要发生于重工业部门,而轻工业部门并不明显。

6.2 基于内生模型的动态检验

在解释技术进步和经济增长关系的研究中,古典学派采用单一的要素模型解释研发活动的贡献,而 Aghion 和 Howitt 等内生增长理论者强调创新过程的微观复杂性,并构建基于生产、研发和资本积累关系的两部门模型,将研发行为和资本形成解释为技术进步最主要的内生变量(Aghion and Howitt,1998),为进行动态计量检验提供了重要的理论支撑。

在实践中,中国工业研发体系是在相对封闭的计划经济中产生和发展起来的,具有较强的自主性特征。随着科技改革的深入,中国工业自主研发活动也更加多元化,逐渐形成了以政府(战略层面)和企业(市场层面)为主体的两大自主研发体系(刘立,2011)。本书分别使用政府研发支出和企业研发支出作为代表变量,检验不同研发资助体系的影响差异,记作 GOV 和 Enerprise。

在中国工业资本形成过程中,现有研究普遍认为外商直接投资

（foreign direct investment，FDI）和技术引进都融合于投资过程中，形成技术引进"物化"于资本形成的内生增长路径（魏枫，2009），这里考虑资本形成（Capi）作为影响能源效率的内生性变量。此外，人均资本是影响技术进步的内生性变量，这里检验资本结构（Stru）对能源效率的影响。

最终，设定如下内生检验模型：

$$\text{TECH}_{it} = C_i + \alpha_1 \text{GOV}_{it} + \alpha_2 \text{Enerprise}_{it} + \beta_1 \text{Capi}_{it} + \beta_2 \text{Stru}_{it} + \mu_i + \varepsilon_{it} \quad (6\text{-}8)$$

式中，i 表示各工业行业；t 表示年份；TECH 表示全要素能源效率变化；GOV 表示政府研发支出；Enerprise 表示企业研发支出；Capi 表示工业部门的资本形成；Stru 表示工业部门的资本结构；C_i 表示特定的常数项；μ_i 表示工业能源效率特定且不随时间变动的误差项；ε_{it} 表示时变误差且遵循一阶自回归过程。

为了处理解释变量的内生性问题并获得较大自由度的滞后期检验值，选择 GMM 模型对方程进行检验。为了保证模型的有效性，本书通过 Sargan 过度识别和序列相关检验来判断增加的工具变量是否导致了因过度约束而产生的估计偏误。本书中的被解释变量为上文中 Luenberger 指数的计算结果，其余数据来源于《中国统计年鉴》（1998~2012 年）和《中国科技统计年鉴》（1996~2012 年）。

参考研发投入的滞后效应，这里将采用研发投入变量的 2 期滞后值作为主要解释变量。表 6-2 为整体样本数据的检验结果，表 6-3 以轻工业和重工业作为样本，并分别剔除技术规模变化和规模效率变化，检验纯技术进步和纯效率变化。本书采用两阶段-纠偏-稳健型估计结果，表格最后两行为 AR 检验的 P 值和 Sargan 检验值，结果显示模型估计的结果是有效的。

表 6-2　整体样本的估计结果

变量	全要素能源效率	技术前沿面进步	技术效率变化
TE_{t-1}	−0.288*** (−8.37)	−0.121** (−2.63)	0.144** (2.99)
Enerprise	0.203 (0.94)	0.012 (0.17)	−0.136 (−0.62)
$Enerprise_{t-1}$	0.401* (1.85)	0.131* (1.73)	0.192 (0.85)
$Enerprise_{t-2}$	0.439** (2.02)	−0.144* (−1.93)	−0.052** (−2.13)
GOV	−0.027* (−1.88)	−0.009* (−1.92)	0.001 (0.004)
GOV_{t-1}	−0.018 (−1.24)	0.000 (0.006)	−0.013 (−0.87)
GOV_{t-2}	0.005 (0.21)	0.028*** (3.38)	−0.052** (−2.13)
Capi	−1.915*** (−3.98)	−0.132 (−0.83)	−1.895*** (−3.94)
Stru	1.789*** (3.84)	−0.114 (−0.74)	1.776*** (3.81)
Cons	0.069 (0.71)	−0.078** (−2.44)	0.259** (2.71)
观测值	468	468	468
AR（2）（P 值）	0.591	0.308	0.512
Sargan（P 值）	0.872	0.732	0.536

注：括号中的数值为 z 值；***、**和*分别表示变量通过了 1%、5%和 10%的显著性检验。

表 6-3　次级样本的估计结果

变量	轻工业			重工业		
	全要素能源效率	纯技术进步	纯效率变化	全要素能源效率	纯技术进步	纯效率变化
TE_{t-1}	−0.311*** (−5.24)	−0.156** (−2.59)	0.007 (0.11)	−0.279*** (−6.58)	−0.037** (−2.06)	0.005 (0.15)
Enerprise	−0.106 (−0.78)	0.209*** (3.40)	0.042 (1.03)	0.302 (0.88)	−0.022 (0.32)	0.017 (0.10)

续表

变量	轻工业			重工业		
	全要素能源效率	纯技术进步	纯效率变化	全要素能源效率	纯技术进步	纯效率变化
Enerprise$_{t-1}$	0.430*** (3.09)	−0.124* (−1.84)	−0.088** (−2.09)	0.457 (1.37)	0.130* (−1.72)	0.125 (0.68)
Enerprise$_{t-2}$	−0.090 (−0.063)	0.126** (2.39)	0.066* (1.84)	0.643* (1.81)	0.232*** (3.52)	−0.433** (−2.80)
GOV	−0.018 (−0.068)	0.010 (0.31)	−0.014 (−0.67)	−0.030* (−1.58)	0.070* (1.90)	0.013 (0.15)
GOV$_{t-1}$	−0.025 (−0.87)	−0.043 (−1.41)	−0.029 (−1.44)	−0.019 (−1.00)	0.095** (2.72)	−0.034 (−0.43)
GOV$_{t-2}$	−0.026 (−0.93)	−0.072** (−2.40)	0.070*** (3.73)	0.008 (0.25)	−0.168*** (−4.59)	−0.084 (−0.51)
Capi	0.294 (0.67)	0.082 (0.50)	0267** (2.52)	−2.618*** (−3.77)	0.164 (1.02)	2.397*** (6.10)
Stru	−0.382 (−0.89)	−0.088 (−0.54)	−0.282** (−2.73)	2.271*** (3.58)	−0.154 (−1.09)	−2.238*** (−6.15)
Cons	−0.021 (−0.26)	−0.822*** (−4.49)	−0.074 (0.68)	0.125 (0.91)	−0.436* (−1.64)	1.203** (2.13)
观测值	169	169	169	312	312	312
AR（2）（P 值）	0.669	0.678	0.592	0.684	0.662	0.521
Sargan（P 值）	0.770	0.621	0.775	0.669	0.509	0.769

注：括号中的数值为 z 值；***、**和*分别表示变量通过了 1%、5%和 10%的显著性检验。

在对整体样本和次级样本的估计中，除了技术效率的滞后 1 期显著为正以外，其余被解释变量的滞后 1 期均显著为负，这反映出中国工业能源技术前沿面移动具有显著的负向调节机制，而效率改善具有显著的自我强化倾向。

由于政府研发和企业研发的定位不同，不同主体的研发支出对工业能源效率的影响往往存在差异。在整体样本的检验中，Enerprise 在滞后 1 期和滞后 2 期对中国工业全要素能源效率的影响显著为正，而 GOV 的当期影响显著为负，这意味着面向市场的企业研发支出更容易改善全要素能源效率，而政府研发支出容易抑制全要素能源效率。在对技术前沿方程和技术效率方程的进一步检验中，可以发现企业研发支出在滞后 1 期、政府研发支出在滞后 2 期均对技术前沿面移动产生了显著的促进作用，而二者对技术效率变化的影响都不显著，这说明中国工业自主研发产生了显著的"技术进步效应"，但是"结构效应"较为微弱。

在对资本变量的检验中（表 6-2），可以发现资本形成与中国工业能源全要素生产率呈负相关，而资本结构与中国工业能源全要素生产率呈正相关。在进一步的检验中，可以发现资本形成与技术效率呈负相关，而资本结构与技术效率呈正相关。就技术前沿面方程而言，二者均未通过显著性检验。可以看出，中国工业资本形成并未带来显著的技术前沿面移动，而主要是通过资本结构实现技术效率的提升。在实践中，我国在 1992～2001 年进行的国有企业改革不仅推动了主要工业部门之间的结构优化，各行业部门大中型企业的比重也在急剧上升，经过压缩调整后的工业资本提升了技术效率。同时，在此过程中我国工业资本的调整使得固定资本出现放缓甚至倒退的现象，从而导致资本形成与技术效率呈负相关。

在重工业优先发展的战略下，有必要对轻工业和重工业进行分组检验。在效率指标方面，选择纯技术进步和纯效率变化指标，这样能够更加准确地反映出技术进步和资本结构效应。检验结果表明，政府研发支出和企业研发支出对于全要素能源效率的影响与整体样本较为一致。但是在纯技术进步方面,政府研发支出和企业研发支出均对重工业样本产生了显著的促进作用,而仅有企业研发支出对轻工业纯技术进步产生了显著的促进作用。由于重工业一直是我国科技发展的优先资助领域,国家各类规划均提出重点发展先进能源技术、环保生态技术等要求,政府研发支出对重工业能源效率技术进步的促进效应比较明显。而我国轻工业研发活动长期依托企业进行,在"走出去"战略背景下,政府研发缺乏对市场的敏锐反应,难以提供有效的技术支持。

在纯效率变化方面,政府研发支出和企业研发支出对轻工业纯效率变化的影响显著为正,而对重工业纯效率变化的影响不显著,这反映出自主研发改善了中国轻工业的结构效应,但是由于我国重工业特殊的所有制结构,重工业结构更容易受到国有企业改革和引资策略的影响,受研发投入的影响相对较小。

在资本变化方面,无论是轻工业样本还是重工业样本,资本形成和资本结构对纯技术前沿移动效应的影响都不够显著。对于纯效率变化而言,资本形成产生了显著的正向促进作用,而资本结构深化产生了显著的负向作用。与整体样本检验结果相比较,主要区别在于分离出规模效率的影响以后,资本形成对中国工业能源效率的结构效应开始显现,由于我国工业部门人均资本装备率在 2001 年已经达到稳态(1.43 万元/人),导致资本结构与纯效率变化呈负相关。

6.3 本章小结

本书首先采用 Luenberger 指数测算了中国工业部门 1997~2011 年

的能源效率变化，然后采用内生模型检验自主研发和工业资本变化的影响。研究发现中国工业部门全要素能源效率在 1996~2011 年的改善率达到 9.7%。其中，技术进步的整体均值为 –0.56%，技术效率的整体均值达到 15.3%，这一结果说明中国工业能源效率的生产前沿面在不断退化，而中国工业能源效率距生产前沿面的距离在不断缩小。在计量检验中发现，企业研发支出更容易改善全要素能源效率，而政府研发支出容易抑制全要素能源效率。在重工业样本中，政府研发对技术前沿面的促进作用更加显著，对轻工业技术前沿面缺乏促进效应。资本形成具有抑制中国工业能源全要素生产率的倾向，而资本结构发挥着促进作用。

上述研究结果具有较强的政策启示含义。首先应该加快我国工业研发体系的改革与创新，进一步明确政府研发和企业研发的功能和定位，加大政府在先进能源技术和环保生态技术等重工业应用领域的战略投入，为中国工业绿色发展提供保障。在轻工业领域，要加强和完善以企业为主体的研发资源配置体系，通过市场力量传导研发需求压力，提高研发投入的效率水平，提升中国工业应对环境变化的内生动力。要重视改善工业资本结构和质量，包括合理控制企业规模，引进国外先进技术和资本等，形成内生性工业节能路径。

第7章 我国区域研发效率及其影响因素

随着创新驱动战略的实施,我国研发规模呈逐年递增趋势。据统计,我国2013年研发投入高达17813亿元,专利授权数量达122.84万件,发表三大检索论文331395篇,在世界科技领域中占据举足轻重的地位。然而,我国研发活动具有典型的政府推动特征,各研发环节之间往往缺乏有效连接和转化机制,导致我国研发投入整体效率偏低。在此背景下,对我国区域研发效率差异及其影响因素进行研究,具有重要的理论意义和实践价值。

现有研究主要采用参数法和非参数法测度研发效率。非参数法以Charnes等(1978)的数据包络分析方法为代表,该方法采用数学规划法,无须建立变量之间的严格函数关系,在多投入、多产出的效率度量上具有优势,其不足之处在于不考虑测量误差的存在。参数方法以Aigner等(1977)、Battese和Corra(1977)提出的随机前沿分析(stochastic frontier analysis,SFA)方法为主,该方法尽管受到特定函数形式的限制,但是能够基于投入或产出最优的生产函数来构造生产前沿面,并对生产过程的实际值和最优值进行比较以获得数据,在分析效率变动及其来源时具有优势。

在测度指标上,现有研究大都将研发活动视为"黑箱",根据研究需要设定投入和产出指标。投入指标大都采用研发人力资本投入和研发经费投入。在产出方面,大都采用新产品产值(Jefferson et al.,

2006；于长宏和白辰，2013）或专利产出（沈能，2013；李政和杨思莹，2014）等单一指标，其优势是指标属性比较明确，能够反映出是面向市场的创新还是面向技术的创新。为了测度研发单元的综合效率，众学者开始将期刊论文、专利和新产品产值等指标联合起来构建综合产出指标（陈凯华和汪寿阳，2014；邹文杰，2015）。此外，余泳泽和刘大勇（2014）将研发活动分解为知识创新、研发创新和产品创新三个独立的阶段，采用单一产出指标测度各阶段研发效率，并发掘了不同区域研发效率的薄弱环节和提升路径，为研究区域研发提供了新视角。

本书将借鉴创新价值链理论，在对研发活动进行分解的基础上，采用随机前沿分析研究不同研发阶段的效率差异及影响因素，从中发现有价值的规律并提出建议。

7.1 模型与数据

随机前沿分析的基本思路是根据一组变量构造投入产出的最佳效率前沿，通过比较样本与最佳效率前沿的距离，从而测定每个样本的相对效率。随机前沿分析最大的特点是把模型的误差项分解为随机误差和技术无效率项，通过测量技术无效率项来确定效率的大小。

根据创新价值链理论和国家统计局的分类，研发活动可以分为基础研究、应用研究和试验发展三个阶段。根据余泳泽和刘大勇（2014）的研究成果，将上述研发活动分为最初阶段（知识创新）、中间阶段（技术创新）和最终阶段（产品创新），对应的产出指标分别为科技论文和专著等知识成果、专利等研发设计成果，以及新产品等产品创新成果，建立相应的回归方程。

最初产出方程：

$$\ln y_{1i} = \beta_0 + \beta_1 \ln x_{1i} + \beta_2 \ln x_{2i} + \upsilon_i - \mu_i \qquad (7\text{-}1)$$

中间产出方程：

$$\ln y_{2i} = \beta_0 + \beta_1 \ln x_{3i} + \beta_2 \ln x_{4i} + \beta_3 \ln y_{1i} + \upsilon_i - \mu_i \qquad (7\text{-}2)$$

最终产出方程：

$$\ln y_{3i} = \beta_0 + \beta_1 \ln x_{5i} + \beta_2 \ln x_{6i} + \beta_3 \ln y_{2i} + \upsilon_i - \mu_i \qquad (7\text{-}3)$$

式（7-1）～式（7-3）中，υ_i 表示对生产活动产生影响的随机因素，服从正态分布 $N(0, \sigma_\mu^2)$；μ_i 表示非负的技术无效率项，服从非负的半正态分布 $N^+(0, \sigma_\mu^2)$；其余变量的解释见表 7-1。

引入技术无效率项 μ_i，考虑环境变量的影响，构建技术无效率的影响因素模型：

$$m_i = \delta_0 + \delta_1 z_{1i} + \delta_2 z_{2i} + \delta_3 z_{3i} + \delta_4 z_{4i} \qquad (7\text{-}4)$$

式中，m_i 为不同阶段的技术无效率值；δ_0 为常数项；$\delta_1 \sim \delta_4$ 为系数。

考虑到不同研发阶段的特征，除了常规的经费投入和研发人员投入以外，分别将第一阶段的论文产出增加为第二阶段的要素投入，将第二阶段的专利产出增加为第三阶段的要素投入。对于各个指标的统计口径，参照 Guan 和 Liu（2005）的研究，学术论文为各区域产出的 SCI、EI 和 ISTP 检索论文，专利产出主要为发明型专利申请数，新产品产出为新产品产值。此外，研发过程无疑会受到环境变量的影响，这里主要考虑经济发展环境、研发环境、政府支持力度和外资投入水平的影响，分别用 GDP、大学生在校人数、政府支持力度和外资投入水平来表示。各变量的定义见表 7-1。

表 7-1　研究变量的定义

创新过程	投入变量	产出变量	环境变量
知识创新过程	基础研发经费投入 x_{1i} 基础研发人员全时工作量 x_{2i}	学术论文数量 y_{1i}	经济发展环境 z_{1i} 研发环境 z_{2i} 政府支持力度 z_{3i} 外资投入水平 z_{4i}
技术创新过程	应用研发经费投入 x_{3i} 应用研发人员全时工作量 x_{4i} 学术论文数量 y_{1i}	发明型专利授权数量 y_{2i}	
产品创新过程	发展研发经费投入 x_{5i} 发展研发人员全时工作量 x_{6i} 发明型专利授权数量 y_{2i}	新产品产出 y_{3i}	

由于发展水平的差异，研究样本不包含港、澳、台地区。由于西藏部分数据缺失，重庆的数据合并到四川，故本书样本为 29 个省级单位。本书的数据全部来源于 2002～2013 年的《中国科技统计年鉴》和《中国统计年鉴》。考虑到研发活动的时间滞后效应，对所有投入指标与环境变量做滞后 1 期处理。

7.2　实证结果分析

本书利用随机前沿分析方法对研发活动中的最初产出、中间产出和最终产出过程的效率进行了估计，并考虑了环境因素的影响。表 7-2 列出了分析结果，γ 值和似然比显示随机前沿模型估计结果是合理的。

表 7-2 随机前沿分析结果

变量	最初产出方程	中间产出方程	最终产出方程
常数项	11.231*** (9.804)	20.168** (2.203)	44.505*** (8.010)
基础研发经费	0.861* (1.602)	—	—
基础研发人员	0.634* (1.571)	—	—
科技论文发表数	—	0.650* (1.811)	—
应用研究经费	—	−1.187* (−1.564)	—
应用研究人员	—	0.820* (1.821)	—
发明型专利授权数	—	—	0.666* (1.762)
试验发展研究经费	—	—	−0.403* (−1.802)
试验发展人员	—	—	0.774* (1.530)
技术无效率影响因素			
常数项	19.856*** (19.023)	−0.491 (−0.373)	14.860*** (6.583)
各地区 GDP 总量	−0.307** (−2.193)	−0.109 (−0.872)	−1.458*** (−6.121)
在校大学生人数	−0.575*** (−3.461)	0.577*** (2.909)	−0.096 (−0.404)
政府投入	−0.759*** (−6.954)	−0.137** (−2.583)	0.129 (0.910)
外资投入	−0.568*** (−4.112)	−0.011 (−0.252)	0.160** (2.072)
γ 值	0.749	0.641	0.976
似然比	136.220	161.833	225.303

注：括号内的数据为上方回归系数对应的 t 统计量；—表示未通过显著性检验；***、**和*分别表示通过1%、5%和10%显著性水平检验。

对技术无效率影响因素的回归结果表明，各地区 GDP 总量在最初方程和最终方程中系数均显示显著为负，说明经济发展有助于促进知识创新效率提升，而经济发展也容易催生产品创新的产业环境，提高产品创新效率。在校大学生人数反映了区域内高素质劳动力的数量，检验结果显示其对区域内最初产出与中间产出均呈现出显著的正向作用，说明高素质人才储备对知识创新和专利创新具有显著的促进作用。

政府投入对最初方程与中间方程产生了显著的负向作用,而在最终产出方程中没有通过显著性检验。这说明政府投入尽管对知识创新和专利创新产生了显著的促进作用,但是脱离产业发展实践,难以对产品创新产生促进作用。Goolsbee（1998）则认为研发经费中科研人员薪酬是支出的主要部分,政府投入在很大程度上起到了激发研发人员热情的作用,难以发挥产业实践效益。

外资投入与知识产出呈现显著的负相关,而与最终产出呈现正相关。这是由于在我国对外开放格局中,创新效率高的区域更容易吸引外资,而外资企业能够凭借其领先的核心技术对该地区新产品产生溢出效应,从而促进本区域产品创新。而外资投入主要集中于经济型城市,导致外资研发与知识产出呈现负相关。

通过随机前沿函数,可以核算出各省级单元的效率变化。测算结果表明,研发活动的三个阶段的研发效率值均呈现逐年上升的趋势,显示出我国研发活动效率有了很大的提升。其中,又以最初产出效率最高,反映出在我国政府的长期支持下,基础研发不仅形成了巨大规模,而且投入产出效率也在逐年提高。发明型专利是科技活动中最具竞争力的指标,但其投入产出效率却较低,这主要是我国研发领域长期重视数量考核,而忽视研发质量,导致发明型专利产出效率偏低。

新产品产出效率较低,这主要是供给侧的大规模研发效率偏低、产学研结合力度不够造成的。楚天骄等（2008）认为我国普遍存在研发成果转化能力不高、利用不充分的现象,其调查结果显示42%的研发成果转化率在20%以下,仅有17%的研发成果转化率高于25%。从测度结果来看，中国研发活动仍然存在无效率现象，尚有一定的改善空间。

表 7-3 给出了最初产出模型、中间产出模型和最终产出模型核算出的各地区研发效率值的统计结果。可以看出，中国区域研发效率在各省级单元之间的分布很不均衡，存在很大的空间差异。总体上来讲，中国区域研发效率在地理空间上呈现出东高西低的分布特征。

表 7-3　2002～2013 年各地区研发产出效率值

地区		最初产出效率值	中间产出效率值	最终产出效率值
东部地区	北京	0.877	0.441	0.812
	天津	0.662	0.225	0.644
	河北	0.514	0.168	0.421
	辽宁	0.891	0.198	0.587
	上海	0.833	0.614	0.812
	江苏	0.996	0.986	0.932
	浙江	0.914	1.000	1.000
	福建	0.635	0.335	0.799
	山东	0.596	0.621	0.991
	广东	0.598	1.000	1.000
	海南	0.334	0.063	0.065
	均值	0.714	0.514	0.733
中部地区	山西	0.435	0.241	0.316
	吉林	0.583	0.069	0.896
	黑龙江	0.624	0.087	0.195
	安徽	0.442	0.372	0.556
	江西	0.399	0.176	0.374

续表

地区		最初产出效率值	中间产出效率值	最终产出效率值
中部地区	河南	0.664	0.328	0.443
	湖北	0.567	0.186	0.520
	湖南	0.886	0.225	0.287
	均值	0.575	0.211	0.448
西部地区	广西	0.309	0.126	0.174
	内蒙古	0.417	0.124	0.317
	四川	0.463	0.288	0.764
	贵州	0.166	0.273	0.165
	云南	0.335	0.162	0.172
	陕西	0.953	0.143	0.274
	甘肃	0.499	0.117	0.069
	青海	0.063	0.062	0.049
	宁夏	0.132	0.089	0.103
	新疆	0.188	0.149	0.178
	均值	0.353	0.153	0.227

从分区域上看，东部地区三个阶段的效率值明显高于中西部地区，而且江苏和浙江三个阶段的研发效率处于领先地位，均在 0.9 以上。首先是由于这些地区是我国经济发展的前沿阵地，聚集了相当多的研发资源。其次，这些地区拥有较高质量的制度环境，产学研转化率高，保证了整体研发效率。需要指出的是，尽管北京、上海、福建和天津等地的最初产出效率和最终产出效率较高，但是中间产出效率较低。对于北京、上海等地来说，一方面是由于研发人力成本过高（靖学青，2010），另一方面是由于研发资源过度集中带来了"拥挤的外部性"，不同研发机

构可能对同一类型的项目进行研发,从而降低了研发效率。对于天津和福建等地来说,外向型经济的集中造成这些地区面向市场的产品创新效率较高,而面向核心技术的发明型专利创新较弱,从而造成这些地区中间创新效率较低。

中西部地区在研发资源集聚和产业集聚上都处于不利地位,导致这些地区既缺乏来自技术端的驱动,也缺乏来自产业需求端的拉动,整体研发效率普遍偏低。尽管部分地区最初产出效率较高,但是中间产出效率和最终产出效率较低。例如,湖南、河南、黑龙江、陕西等地,这些地区高等教育发达、科研机构密集,最初产出效率较高,但是由于市场体系不健全,产业发展不活跃,中间产出效率和最终产出效率较低。

7.3 结论与建议

本书将研发活动分为三个阶段,运用随机前沿模型对我国区域研发效率进行了测算,并研究了环境影响因素。研究结果表明,各地区 GDP 总量、在校大学生人数和政府资助均对总体研发效率产生了显著的正向促进作用。我国区域研发效率总体上呈现先低后高的趋势,处于不断上升区间,但是整体上仍然存在一定的改善空间。在空间跨度上,我国区域研发效率整体上具有东部高、中西部低的特征。根据研究成果提出如下建议。

第一,完善产学研转化机制,协调好基础研究、专利创新和产品创新的关系。我国基础研究规模和效率都取得长足进展,但是对立足于产业需求的专利创新和产品创新重视程度还远远不够,需要从机制上进一步完善和强化,提升创新价值链整体竞争力。

第二，改善区域研发环境，塑造良好的区域创新生态。理顺区域经济和区域研发之间的关系，充分挖掘区域经济的供给侧和需求侧动力；在科技资源上，要加强高校建设和研究机构的建设，着力培养高素质人才，为区域研发提供优质人才动力；利用区位优势集聚外资研发机构，通过交流和学习等多种途径提高研发能力，促进创新集群形成（姜彩楼和查颖，2015；姜彩楼等，2015）。

第三，制定差异化的政策，对研发活动进行分类管理。长期以来，我国科技管理政策较为笼统，对不同研发阶段的差异性和空间差异性缺乏重视，难以进行有效管理。在进行科学评价的基础上，相关部门应该立足于差异化管理，以便有效地激励研发活动。

第8章　在华外资研发是否促进了区域创新
——基于省级面板数据的实证研究

自20世纪80年代以来，跨国公司为了获取国际竞争优势，开始在东道国建立研发机构以促进产品竞争力提升，跨国公司的海外研发投资开始活跃。90年代以来，跨国公司海外研发投资开始向发展中国家集聚。中国以其巨大的市场潜力和独特的优惠政策，成为跨国公司海外研发投资的重要集聚地。自1994年跨国公司在中国设立首家研发中心"北邮-北电研究开发中心"以来，跨国公司在华设立研发中心的数量开始突增。据统计，1997年以前，在中国建立的外资研发机构不足20家，2007年达到1160家。到2015年，中国外资研发机构超过2400家，其中，北京达到762家，上海达到388家，成为区域创新中不可忽视的重要力量。

区域创新是实现国家自主创新战略的真正载体。随着跨国公司研发的全球性扩张及科技资源配置的全球化，区域创新能力不仅受到区域内创新资源的影响，其对全球创新资源的整合也逐渐上升为关键性的影响因素。在实践领域，我国东部沿海地区首先凭借要素禀赋优势嵌入全球生产网络，继而通过吸引跨国公司在华进行研发投资等方式进入全球研发体系。在一定程度上，在华外资研发已经成为我国区域创新体系的有机组成部分，在一些东部沿海地区甚至发挥着技术创新的主导作用。在研发全球化的浪潮下，协调好区域自主创新与在华外资研发的关系，成为我国深入实施创新驱动战略面临的重要任务，也是我国应对全球科技竞争的必经环节。本书在分析区域自主创新与在华外资研发关系的基础上，采用省级面板数据检验在华外资研发对区域创新的影响，研究更具有政策意义。

8.1 文献述评

现有文献已经从不同层面对外资研发的影响开展了研究。在国家层面，崔新建（2008）发现外资研发在进入中国后会产生研发集聚效应、产业关联效应和创新示范效应，这些效应促进了中国区域创新体系的形成。盛垒（2008）总结了外资研发对发展中国家创新能力的影响，认为外资研发对中国创新能力具有正向促进作用。李武威（2012）发现外资研发对中国本土创新绩效的提升有着显著的促进作用，而且外资研发的影响具有东高西低的特征。张建伟和张吉献（2015）研究了外资研发对中国研发产业的影响，发现外资研发对中国研发产业发展具有显著的正面影响，而且这种影响存在显著的空间差异性。

在区域层面，韩书成（2008）以武汉地区 27 家外企的研究中心为样本，研究了武汉地区的外资研发效应，发现外资研发对武汉地区本土创新具有显著的正向促进作用。裘文进和周文泳（2008）分析了上海外资研发机构的特征及技术外溢情况，认为研发人员紧缺、市场化程度低和政策支持不足是上海外资研发存在的主要不足。马勇等（2009）对深圳、厦门、宁波、青岛和大连五市的地方创新环境进行了比较，发现城市创新环境质量与外资机构的研发活跃程度呈正相关。夏海力（2012）系统地分析了苏州、上海、宁波和深圳的创新环境指标，认为吸引外资研发机构需要加强经济环境和人文环境建设。如果不能够提供较理想的区域环境，可能会导致外资撤退并影响区域可持续发展（刘畅，2014）。

在企业层面，Hu 等（2005）认为外资研发将会给本土企业带来显著的溢出效应，其中，技术溢出和竞争效应将会刺激本土企业进行技术创新。陈关聚和安立仁（2015）研究了 27 个省（自治区、直辖市）外资企业的创新效率，发现外资研发效率存在区域分化现象，主张实施差异化管理政策以提高外资研发效率。杜伟锦等（2013）通过构建外资研发影响本土企业创新绩效的路径模型，认为在挤出效应和空间溢出效应的综合作用下，外资研发投入对本土企业创新绩效具有负面影响。马卫红（2015）分析了外资研发、制度环境对中国工业企业创新效率的影响，认为外资研发对中国企业创新效率的影响具有不确定性。

上述文献已经对相关问题进行了研究，但是由于样本和数据的差异，外资研发对中国区域创新的影响还需要进一步检验。本书将借鉴创新价值链理论，以中国 29 个省级单元为样本，检验外资研发对中国区域自主创新的影响。

8.2　模型与数据

外资研发对东道国创新的影响机制主要体现在两个方面：一方面，外资研发能够为东道国提供先进的技术和管理技能，提高本土企业技术水平和技术能力；另一方面，跨国公司研发具有高收益、高回报的特点，能够吸引大量优秀人才，加速本土研发人员外流。

第8章 在华外资研发是否促进了区域创新
——基于省级面板数据的实证研究

在不同的条件下,在华外资研发对本土创新将产生截然不同的影响。为了检验外资研发对区域创新产出的影响,将外资研发和内资研发进行区分,并根据 Griliches(1979)的知识生产函数构建模型进行检验。

从创新价值链的视角来看,创新过程可以分解为知识创新、研发设计创新、产品转化创新三个紧密联系的阶段(余泳泽和刘大勇,2014)。在创新产出的指标中,借鉴蒋殿春和夏良科(2005)的研究,采用期刊科技论文和专著、发明型专利与新产品产出作为三个阶段的代表变量。在投入变量中,本书区分了外资研发投入和国内研发资本投入。考虑到国内研发资本投入和科技人力资本投入可能受到外资研发投入的影响,参考白俊红(2013)的研究,引入外资研发投入×国内研发资本投入、外资研发投入×国内科技人力资本,以及国内研发资本投入×国内科技人力资本的交互项来衡量外资研发的间接影响。构建如下模型。

$$\text{IP}_{it} = \alpha_0 + \beta_1 L_{it} + \beta_2 \text{FRD}_{it} + \beta_3 \text{DRD}_{it} + \beta_4 \text{FRD}_{it} \times \text{DRD}_{it} + \beta_5 \text{FRD}_{it} \times L_{it} \\ + \beta_6 \text{DRD}_{it} \times L_{it} + \upsilon_{it} \quad (8\text{-}1)$$

$$\text{NP}_{it} = \alpha_0 + \beta_1 L_{it} + \beta_2 \text{FRD}_{it} + \beta_3 \text{DRD}_{it} + \beta_4 \text{FRD}_{it} \times \text{DRD}_{it} + \beta_5 \text{FRD}_{it} \times L_{it} \\ + \beta_6 \text{DRD}_{it} \times L_{it} + \upsilon_{it} \quad (8\text{-}2)$$

$$\text{JP}_{it} = \alpha_0 + \beta_1 L_{it} + \beta_2 \text{FRD}_{it} + \beta_3 \text{DRD}_{it} + \beta_4 \text{FRD}_{it} \times \text{DRD}_{it} + \beta_5 \text{FRD}_{it} \times L_{it} \\ + \beta_6 \text{DRD}_{it} \times L_{it} + \upsilon_{it} \quad (8\text{-}3)$$

式中,IP_{it} 表示发明型专利授权数;NP_{it} 表示新产品产值;JP_{it} 表示科技论文数量;L_{it} 表示国内科技人力资本,用科学家与工程师全时工作当量表示;FRD_{it} 和 DRD_{it} 分别表示在华外资研发投入和国内研发资本投入；v_{it} 表示误差项；i 表示省级单元；t 表示时间。主要变量的定义如表 8-1 所示。

表 8-1 主要变量的定义

变量名称	定义	单位
IP	区域每年的发明型专利授权数	件
NP	区域每年的新产品产值	万元
JP	区域每年的科技论文数量	篇
L	区域每年的科学家与工程师全时工作当量	万人/年
FRD	区域每年的外资研发经费支出	万美元
DRD	区域每年的国内研发经费支出	万美元

在创新活动过程中，从研发投入到创新产出存在着一定的滞后期。本书将科技论文数量和发明型专利授权数的滞后期设定为 2 年，新产品产值的滞后期设定为 1 年。数据来源于《中国统计年鉴》（2003~2015 年）和《中国科技统计年鉴》（2003~2015 年）。由于发展水平的差异，研究样本不包含港、澳、台地区。由于西藏的部分数据缺失，重庆的数据合并到四川，研究的最终样本为 29 个省级单位。为了剔除价格因素的影响，本书以 1978 年为基期对研发经费投入和新产品产值数据进行了平减。

8.3 结果分析

本书主要采用固定效应模型和随机效应模型对面板数据进行检验。分别以 JP、IP 和 NP 作为被解释变量的方程检验结果表明，固定效应模型通过了 1% 显著性水平检验，主要采用固定效应模型进行解释。整体样本回归结果见表 8-2。

表 8-2 整体样本回归结果

变量	JP	IP	NP
L_{-1}	—	—	0.276***
			(3.037)
L_{-2}	0.171**	0.339***	—
	(1.816)	(5.231)	
FRD_{-1}	—	—	0.227***
			(6.819)
FRD_{-2}	−0.027*	−0.041**	—
	(−1.639)	(−2.301)	
DRD_{-1}	—	—	0.764***
			(9.702)
DRD_{-2}	0.867***	0.949***	—
	(5.609)	(5.971)	
$FRD_{-1} \times DRD_{-1}$	—	—	−0.127***
			(−4.961)
$FRD_{-2} \times DRD_{-2}$	−0.044**	−0.119***	—
	(−2.326)	(−5.344)	
$DRD_{-1} \times L_{-1}$	—	—	0.125***
			(3.324)
$DRD_{-2} \times L_{-2}$	0.001	0.189***	—
	(0.029)	(4.101)	
$FRD_{-1} \times L_{-1}$	—	—	0.024
			(0.598)
$FRD_{-2} \times L_{-2}$	0.005	0.124***	—
	(0.137)	(2.838)	
R^2 值	0.969	0.948	0.909
F 统计量	17.979	14.759	19.143

注：括号内的数据为上方回归系数对应的 t 统计量；—表示未通过显著性检验。*、**和*** 分别表示通过 10%、5%和 1%的显著性水平检验。

表 8-2 中的 R^2 值均在 0.9 以上,说明模型拟合程度较高,选择的变量具有较高的解释力。其中,外资研发对产品创新有着显著的正向影响,但是与知识创新和研发创新均具有显著的负向关系。这是由于外资研发主要集中于新产品开发,直接面向中国市场,对产品创新具有直接促进作用。尽管外资研发的流入会带来相应的专利技术转移,但是由于外资方存在技术保护,以及中国与国外的技术存在较大差距,外资研发投入很难直接促进中国区域专利产出增加。

在交互项的检验中,外资研发资本与国内科技人力资本的交互项系数显著为正,外资研发资本与国内研发资本的交互项系数显著为负,说明外资研发投入对区域创新的溢出主要是以国内科技人力资本为中介实现的,但是对国内研发资本效率产生了抑制作用。外资研发具有较高的管理水平,对国内研发机构具有较强的示范效应。在知识和技术溢出过程中,科技人员是进行知识学习和能力积累的主体,能够通过"干中学"迅速吸收外资研发溢出。另外,由于外资研发机构大量吸收本土优秀科技人员,客观上对国内研发机构形成了竞争效应,降低了国内研发资本投入的产出效率。

国内科技人力资本和国内研发资本投入在所有模型中均与区域创新产出呈现显著的正相关,且国内研发资本投入弹性要大于国内科技人力资本的投入弹性。与发达国家人均研发资本投入相比,尽管中国研发经费投入较高,但是同期比较,中国研发人员数量是日本的 5.9 倍,是英国的 14 倍,在研发经费与科技人员的配置方面,研发资本投入仍然是短缺的。就经济学意义而言,说明中国区域创新要素配置中,研发资本具有稀缺性,单位研发资本投入较单位研发人力资本投入能够产生更

第 8 章 在华外资研发是否促进了区域创新
——基于省级面板数据的实证研究

大的边际价值。所以,中国的区域创新除了要提高研发要素的质量以外,还要调整研发要素的比例关系。

为了进一步发现外资研发在不同阶段的影响,对数据进行分段回归。表 8-3 显示,在 2002~2007 年,外资研发投入与知识创新和专利创新之间存在显著的负相关,说明早期外资研发对知识创新产出和专利创新有着负向影响,但是对产品创新有着一定的正向影响。在 2008~2014 年,外资研发对知识创新的影响未通过显著性检验,但是符号为正,对专利创新和产品创新则呈现了显著的正向影响。这表明随着时间的推进,外资研发对中国的区域创新正逐步显示出正向影响。

表 8-3 分阶段回归结果

变量	2002~2007 年			2008~2014 年		
	JP	IP	NP	JP	IP	NP
L_{-1}	—	—	0.328*	—	—	0.189***
			(1.517)			(3.308)
L_{-2}	2.673***	0.436***	—	3.334***	0.174***	—
	(3.315)	(2.971)		(4.022)	(3.618)	
FRD_{-1}	—	—	0.036*	—	—	0.246**
			(1.639)			(7.032)
FRD_{-2}	−0.352*	−0.052*	—	0.028	0.103***	—
	(−1.973)	(−1.974)		(1.323)	(2.974)	
DRD_{-1}	—	—	0.782***	—	—	0.283**
			(4.013)			(2.735)
DRD_{-2}	3.328***	0.887***	—	4.549***	0.606***	—
	(3.871)	(3.146)		(6.417)	(7.484)	

续表

变量	2002~2007 年			2008~2014 年		
	JP	IP	NP	JP	IP	NP
$FRD_{-1} \times DRD_{-1}$	—	—	−0.081	—	—	−0.037*
			(−1.448)			(−1.737)
$FRD_{-2} \times DRD_{-2}$	−0.024	−0.035	—	−0.076***	−0.048*	—
	(−0.667)	(−1.057)		(−4.356)	(−2.195)	
$DRD_{-1} \times L_{-1}$	—	—	0.306**	—	—	0.080*
			(2.574)			(1.597)
$DRD_{-2} \times L_{-2}$	0.226***	0.190**	—	0.061*	0.093*	—
	(2.980)	(2.714)		(1.933)	(2.363)	
$FRD_{-1} \times L_{-1}$	—	—	0.048	—	—	0.038
			(0.718)			(0.516)
$FRD_{-2} \times L_{-2}$	0.054	0.008	—	0.093***	0.051	—
	(0.801)	(0.126)		(3.312)	(1.462)	
R^2 值	0.901	0.877	0.802	0.897	0.902	0.901
F 统计量	14.731	15.731	11.791	19.449	15.319	29.759

注：括号内的数据为上方回归系数对应的 t 统计量；—表示未通过显著性检验。*、**和*** 分别表示通过 10%、5%和 1%的显著性水平检验。

外资研发对知识创新由前期的负相关变为后期的正相关，这主要是因为跨国公司为了长远利益，开始逐渐加大在中国的基础研究投入，但这种基础研究大多与母公司的国际化项目有关，而与中国的生产关联性较小，即使存在示范效应和溢出效应，影响也是十分有限的，对中国知识创新产出的影响不显著。目前，中国政府正在努力与外资研发机构合作，在知识、技术和人才方面的交流将更加密切，外资研发的促进作用也会愈发显著。

外资研发对专利产出的影响从前期的负相关转变为后期的正相关，表明外资研发对中国区域专利产出开始从抑制向促进转变。在早期，中国核心技术与发达国家之间的差距较大，溢出渠道尚未建立，技术溢出的效应比较小。随着中国深入参与国际分工，产业技术水平也在快速提升，与国际各类研发机构的联系开始建立，溢出效应开始增强。方臻旻和傅元海（2012）提出只有知识产权保护水平较高，才能促使研发人力资本对外资研发形成显著的正向作用。中国早期知识产权法律法规普及程度不高是重要的原因，而且知识产权服务机构体系也不健全。近年来，中国加大了对知识产权的保护，并积极建设知识产权服务体系，这不仅为区域创新提供了有效制度保障，也促进了国际专利技术的扩散，对中国的研发创新产生积极的作用。

外资研发对产品创新一直有着积极的影响，且后期外资研发投入弹性为0.246，大于早期的外资研发投入弹性0.036，表明外资研发对产品创新的直接促进作用愈发显著。近年来，中国政府在逐步重视知识创新产出和研发创新产出的市场化，积极鼓励外资的研发机构与高校、科研单位合作，这样有助于产品创新能力的提升。而研发人力资本存在"门槛效应"，只有跨过一定的研发人力资本"门槛"，才能充分吸收和消化外资研发的先进技术。随着中国人力资本的迅速积累，研发人员的综合素质也在不断提高，对于先进技术的吸收能力也在不断加强，因此外资研发在后期显示出积极的影响。

8.4 本章小结

本书将研发产出分为三个阶段，研究了外资研发对中国区域创新的溢出效应。研究结果表明：外资研发对知识创新和专利创新均有显著的负相关，而对产品创新具有显著的正相关。外资研发投入的增加有利于科技人员研发效率的提升，但对国内研发资本投入效率具有抑制作用。通过分阶段回归，发现外资研发投入对知识创新和专利创新从负面影响转向正向影响，说明外资研发对中国区域创新的溢出效应开始显现。

根据上述研究提出如下建议。

第一，促进国外研发机构与区域创新机构的合作交流，促进双方开展技术沟通与合作，通过科技人员培训与交流的方式提升本土创新水平。

第二，创造良好的创新氛围和环境，吸引更多基础研究领域的外资研发机构进入中国，延长海外研发机构在中国的创新价值链。目前，进入中国的外资研发机构仍然以适应型研发和应用型研发活动为主，多为"短、平、快"的研究项目，对本土创新的溢出效应较弱。相关部门在重点区域应该鼓励基础型研究机构进入中国，为中国发展战略性新兴产业提供积累。

第三，各地区在制定创新战略时，要调整好研发资本投入和科技人员投入的关系，提高研发要素利用效率。

第9章 中国高新区的技术赶超机制及动力检验

9.1 概　　述

　　技术赶超是发展战略中的重要命题。传统赶超理论将资本集聚视作赶超的基本动力，认为后发区域能够通过对区域资本的快速集聚实现跨越式发展。由于难以克服规模报酬递减作用，依赖于资本集聚的赶超容易陷入停滞状态而缺乏可持续性，因此，从内生性视角展开的技术赶超研究成为新经济理论者关注的重点（Lee and Lim，2001）。

　　高新区是我国发展高新技术产业的重要空间载体，经过 20 余年的跨越式发展，已经形成了巨大的经济规模，成为中国宏观经济重要的增长极。Perroux（1950）的增长极理论认为，经济增长并不会在整个地区均匀地发生，而是倾向于集中在特定的产业部门（集群）；在产业选择上，增长极通常是以关联性大、成长性高的新兴产业作为核心，并通过直接效应或者间接效应带动本地区经济增长。由于高新技术产业具有技术含量高、成长性强的特点，以资本推进的方式在特定区域内形成高新技术产业的高效增长区，不仅有利于高新技术产业集群的形成，还容易形成新的增长极。而选择智力密集区的大城市作为依托，能够对高新区产生巨大的外部经济性，包括提供完善的基础设施、形成规模化的市场需求、提供大量的技能型人才，以及传递丰富便捷的商业信息等，这些外部性是发展推进型产业部门的独特优势（Lasuen，1969）。在增长极的形成初期，政府自上而下的干预政策被证明是非常重要的，这些措施不仅有助于向区内提供产业发展所必需的各类资源，还将对产业发展方向和技术轨道产生影响。

与早期学者注重从产业维度阐述增长极不同，Bhandari（2006）认为增长极的定义不应该仅限于某一组产业或者一组企业，而是应该注重从经济活动的空间集聚视角理解增长极的概念。对于传统产业资本而言，空间集聚有助于节约生产成本、发挥规模效应及形成专业化分工等（Weber，1962；Marshall，1920）。除此以外，空间集聚还有助于进一步优化市场结构和技术结构，其对全球价值链的嵌入也会成为区域发展的重要推动力量（Krugman，1994）。对于创新性资源而言，由于创新活动具有在时间上和空间上成群出现的特征，创新性资本一旦形成集聚，就容易出现自我强化的倾向（Schumpeter，1939），而且创新活动不是孤立的，而是合作的和空间连续的，能够从局限于中小型企业生产导向的本地区域扩展到跨国公司主导的全球贸易范围（Hart，2005）。在空间范围内，市场结构、创新氛围及科技竞争水平等都会对技术创新集聚的形成产生影响（Autant-Bernard，2006）。在相关政策和经验研究中，发展创新集群（Klein，2003）、引进发达国家和地区的投资（Bayoumi et al.，1999；Grossman and Helpman，1995）及高新技术产品对外贸易的内生性溢出（Romer，1990）等均是提升区域创新能力的重要途径。

就赶超的动力而言，早期学者将资本推进视为产业结构和技术结构提升的动力基础（Solow，1956），认为产业差距可以通过产业资本集聚及进口替代战略来弥补（Chenery，1961），且由于资本推进便于实施，资本推进战略在后发国家的经济赶超中被广泛运用。然而，内生增长理论者强调技术赶超所发挥的基础性作用，Lucas（1988）从人力资本质量、研发溢出及"干中学"等视角出发，指出后发区域对于先发区域技术的吸收和利用是决定赶超成功与否的关键。在技术赶超方式上，后发区域应该选择更具生产效率的成熟技术以获得规模经济，技术赶超实际上可以归纳为一个以单向技术积累为主线的多途径追赶过程（Gerschenkron，1962）。在内生增长理论的基础上，Perrez 和 Soete（1988）进一步提出区域赶超应该是在技术赶超和经济赶超的协同作用下进行的，这意味着赶超不应该是单一的资本积累或者技术积累过程，而是二者协同交互的过程，尤其是在经济全球化和信息技术深入发展的条件下，借助于新的"技术-经济"赶超范式更容易取得成功。

上述文献表明，尽管空间集聚是区域赶超的有效组织方式，然而赶超的持续则有赖于技术水平的不断提高，这也可以从相关的经验研究中找到证据，Eaton 和 Kortum（1997）通过对5个世界领先工业化国家的制造业部门生产率的变动进行研究，认为生产率赶超的关键在于各部门对于内生性技术的吸收。Comin 和 Hobijn（2011）对技术扩散与二战后经济增长的关系进行了研究，发现追赶最快的国家呈现出加速吸收新技术的趋势，而这些新技术主要来自于美国援助。然而，也有一些悲观的研究结论，Cantwell（1989）的研究表明，在赶超型经济体中，除了韩国等创造性地通过国外技术转移成功实现技术赶超以外，其余经济体的赶超大都以失败告终，相当多的产业仍然牢牢被发达国家所控制。

Romer（1990）认为由于物质资本、人力资本及区域集聚等因素具有规模报酬递增特性，以后发区域为主体、依托内生性创新资源进行的技术赶超从根本上是很难实现的。

综上所述，不难发现技术赶超与资本集聚往往是密不可分的。而对中国高新区这一特殊的空间组织形式而言，研究其技术赶超需要结合要素投入、空间集聚和空间环境三个层面进行综合考虑。然而，由于长期依赖招商引资并将其作为先导战略，中国高新区资本过度集聚、内生动力不足等现象日益突出，对这一路径的持续依赖无疑会导致在全球技术链和全球价值链上的双重锁定。在此形势下，分析中国高新区的技术赶超机制及其动力因素，有助于揭示中国高新区从产业资本集聚向技术赶超转换的深层机理，并提出相应的对策建议。

与之前其他学者的研究相比，本书的区别主要在于：①以 52 个国家级高新区作为样本[①]，研究区间扩展至 1996～2009 年，更加全面系统；②在研究技术赶超理论脉络的基础上进行计量分析，更具有内在的逻辑性；③从投入端和空间效应入手，较为系统地检验了中国高新区技术赶超的影响因素。

9.2　中国高新区技术赶超的主要特征

从整体上对中国高新区的赶超路径及演化特征进行分析。首先从总量指标上观察高新区赶超的变化。如果以 1995 年为基期并剔除价格指数，国家级高新区 2009 年的技工贸总收入从 1529 亿元增加

---

① 截至 2009 年，我国共有 55 个国家级高新区，其中，杨凌为农业示范区，泰州高新区和宁波高新区成立的时间比较迟，故本书未将其作为研究样本。

至 78707 亿元，占全国 GDP 比重从 2.5%上升至 23.1%，在国民经济中的重要性显著上升。就增长速度而言，高新区技工贸年均增幅达到 243%，经济规模的赶超效应非常显著。但是从动态变化的视角来看，高新区技工贸增长速度却在研究区间内出现了明显的阶梯式下降。在 1997 年，中国高新区技工贸年均增幅高达 44.9%，高出同期全国 GDP 年均增幅 4.7 倍，而到了 2008 年，这一数据下降至 11.5%，甚至低于高新区母城 17.8%的增速，与全国 GDP 9.6%的年均增幅较为接近。从图 9-1 不难看出，自 2000 年起，中国高新区就已经走出高速增长阶段，技工贸增速开始接近宏观经济增速，尤其是在 2005 年以后，已经与宏观经济增速基本持平，这意味着高新区的经济规模在经历急速扩张之后，作为区域经济增长极的功能已经开始弱化，逐步趋向于稳速增长。

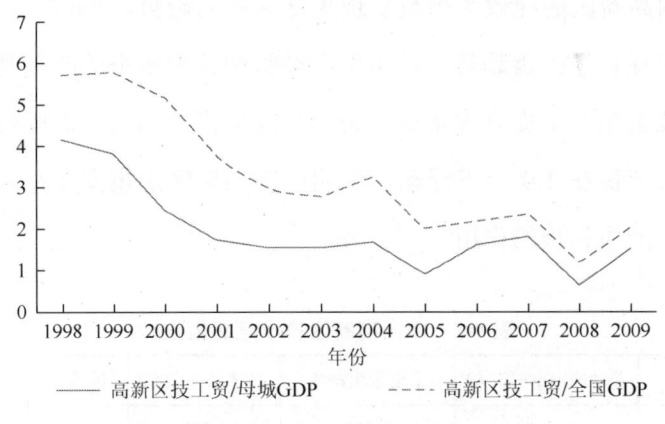

图 9-1 技工贸增速的变化（单位：%）

在经济赶超过程中，随着经济结构的高级化，生产要素会不断从低效率部门向高效率部门转移，直至产业结构趋于均衡（袁富华，

2012）。从单位劳动产出来看，高新区劳动产出率呈现较为稳定的上升趋势，研究区间内的平均值达到 40.778 万/人，反映出中国高新区产业结构仍处于不断高级化过程中。利用全要素生产率（TFP）指数对中国高新区的技术赶超进行分析，并根据 Malmquist 指数构造机理，从技术进步效率（TE）、纯效率（PECH）和规模效率（SECH）三个维度考察中国高新区的技术赶超来源。表 9-1 显示，中国高新区的全要素生产率在研究区间内呈现明显的"倒 U 形"，在 2002 年到达峰值 1.134，其他绝大部分年份大于 1.0，反映出高新区整体上保持了较高的技术追赶速度。对全要素生产率指数进行分解，可以发现技术进步效率的贡献呈现先高后低的状况，尤其是在 2002 年之前，绝大部分年份保持在 1.0 以上，之后迅速下降到 1.0 以下，说明中国高新区"技术前沿面"赶超主要发生在 2002 年以前，2002 年以后则有下降的趋势。中国高新区的纯效率指数呈现先低后高的趋势，2003 年以后，大部分年份保持了改善趋势，说明生产经验和管理水平的改善是中国高新区全要素生产率提升的重要动力。与其他指数相比，规模效率指数绝大部分年份在 1.0 上下浮动，说明中国高新区规模变化并未对全要素生产率产生积极的作用。

表 9-1　中国高新区技术赶超指数

年份	劳动产出率/(万人)	全要素生产率	技术进步效率	纯效率	规模效率
1997~1998	23.453	1.005	1.032	0.951	1.023
1998~1999	27.080	1.081	1.293	0.989	0.845
1999~2000	31.273	1.100	1.004	1.038	1.056
2000~2001	33.255	1.050	0.948	1.067	1.037

续表

年份	劳动产出率/(万/人)	全要素生产率	技术进步效率	纯效率	规模效率
2001～2002	35.653	1.076	1.127	1.032	0.925
2002～2003	40.936	1.134	1.229	0.868	1.062
2003～2004	44.240	1.080	0.945	1.117	1.023
2004～2005	46.871	1.102	0.915	1.157	1.041
2005～2006	50.754	1.063	0.965	1.068	1.032
2006～2007	51.530	1.033	0.983	1.053	0.998
2007～2008	51.458	0.986	1.078	0.909	1.006
2008～2009	52.829	1.054	1.003	1.053	0.999
平均值	40.778	1.064	1.044	1.025	1.004

为了提炼出中国高新区技术赶超的动力机制，本书从要素投入、空间集聚和空间环境三个层面对相关变量进行检验，借助计量模型研究相关战略的实践效应。

9.3 中国高新区技术赶超的影响因素检验

9.3.1 模型设定

在投入变量中，本书重点考虑资本形成对于高新区技术赶超的影响。由于资本形成在某种程度上反映了政府部门对于高新区资本集聚的战略导向，对这一变量的检验将有助于对招商引资等实践行为提供计量学上的解释。资本形成可以从资本广化和资本深化两个维度进行度量，资本广化是在资本结构保持不变的情况下进行的资本规模扩张，是外延型经济增长的主要动力，资本深化主要表现为人均资本装备率的提升，将会推动内涵型经济的增长。为了反映出不同维度资本变化对高新区技术赶超的影响，本书分别将固定资本增长速度（Fixed）和人均资本变化率（Stru）作为待检验变量。考虑到人力资本在创新型经济中的基础性地位，这里将人力资本形成速度（Human）作为重要的检验变量，用于实证检验的辅助参考。

在高新区赶超的空间组织方面，区域专业化集聚是最主要的推进形式，通过弹性专精、规模效应，以及技术溢出等方式促进高新区全要素生产率的增长。度量空间专业化集聚的指标有 Hoover 系数、区位熵等，这里使用区域专门化率进行度量，计算公式如下：

$$\text{Aggl}_{it} = (g_{it}/G_{it}) \div (q_{it}/Q_{it}) \tag{9-1}$$

式中，g_{it} 和 G_{it} 分别表示 t 时期第 i 个高新区的经济总量和所有高新区样本的经济总量；q_{it} 和 Q_{it} 分别表示 t 时期第 i 个高新区母城的经济总量和所有高新区母城样本的经济总量。Aggl_{it} 指标反映了 t 时期第 i 个高新区的相对集聚能力，如果区域专门化率大于 1，则表明高新区专业化集聚能力较强，区内产业增长活跃，反之则表明专业化集聚能力较弱，区内产业出现衰退。这里采用区域专门化率作为待检验变量，标记为 Aggl。

高新区之间存在着激烈的赶超，彼此之间在引资政策及管理手段上会存在高度的借鉴和模仿，有效的引资政策及管理手段也很容易扩散开来，成为改善高新区技术进步的重要动因。通常意义上，这类借鉴和模仿主要取决于高新区之间的增长差距和技术差距，本书选择本年度增长最高值作为参照指标，使用技工贸最高值/高新区技工贸来衡量增长差距（Ygap），使用劳动生产率最高值/高新区劳动生产率来衡量技术差距（TECHgap），用于检验高新区之间的竞争效应和模仿效应。此外，考虑城市科技投入对高新区技术进步的影响，标记为 Buget。

在空间变量中，土地成本是影响集聚的重要变因素（Weber，1962），这在我国高新区发展初期的各类优惠政策中有所体现。本书采用城区土地价格作为反映区域土地成本的变量。由于土地价格数据难以直接获得，这里使用城区经济总值/土地面积来表示，标记为 Land。

生产与营销的分离是高新技术产业活动的重要特征，良好的交通运输条件无疑能够改善资源配置、降低生产成本。这里使用城区平均道路密度作为交通条件变量，标记为 Road。

在我国的经济发展格局中，较高的城市开放度有助于吸引更多高技术含量的外资，并通过"干中学"和规模效应等方式促进技术赶超。这里采用高新区母城的实际利用外资来反映城市开放度，标记为 FDI。

构建如下技术追赶方程：

$$TE_{it} = C_i + \alpha_1 Fixed_{it} + \alpha_2 Human_{it} + \alpha_3 Stru_{it} + \alpha_4 Aggl_{it} + \alpha_5 Ygap_{it}$$
$$+ \alpha_6 TECHgap_{it} + \alpha_7 Land + \alpha_8 Road + \alpha_9 FDI + \alpha_{10} Buget_{it} \quad (9\text{-}2)$$

因变量 TE 分别使用全要素生产率、技术进步效率、纯效率和规模效率来表示。由于上述方程变量是在相关理论及已有研究经验的基础上设定的，变量之间可能会受到多重共线性的干扰，这里结合方差膨胀因子（variance inflation factor，VIF）分析法和逐步回归（stepwise regression）法进行检验。作为新兴发展区域，中国高新区具有统计数据区间短、样本资料不全等特点，现有研究也大都以样本容量较少的截面数据进行估计,难以揭示中国高新区技术赶超的系统特征。出于研究需要,本书将样本区间设置为1996~2009年,研究样本为52个国家级高新区及其所在城市的相关变量,高新区1996~2005年的数据资料主要来自于科学技术部火炬高技术产业开发中心、2006~2009年的数据资料来自于《中国火炬统计年鉴》,其余数据资料来自于《中国城市统计年鉴》(1996~2009年)和中国经济网统计数据库(1996~2009年)。研究变量取值采用变化率形式,以揭示相关变量对高新区技术赶超的驱动效应。

9.3.2 结果分析

本书采用后向搜寻法进行逐步回归,显著性水平为10%,其特点是在对解释变量进行回归时,如果显著性水平最低的变量无法通过10%检验,就去除该变量并重新估计,直至所有变量都能够通过检验。表9-2和表9-3分别展示了高新区技术追赶方程的总体样本估计结果和分阶段样本估计结果,显示所有估计方程的方差膨胀因子均值都在经验值2.0以下,方差膨胀因子最大值均小于经验值10.0,表明模型未受多重共线性影响。

表 9-2 总体样本估计结果

变量	全要素生产率	技术进步效率	纯效率	规模效率
Fixed	-0.233^{***}	-0.298^{***}	-0.320^{***}	-0.362^{***}
	(-6.82)	(-6.81)	(-4.38)	(-2.77)
Stru	0.185^{***}	—	—	0.354^{***}
	(4.46)			(2.24)
Human	0.093^{***}	0.156^{***}	—	0.301^{***}
	(3.93)	(5.09)		(3.33)

续表

变量	全要素生产率	技术进步效率	纯效率	规模效率
Aggl	—	-0.092***	0.104***	—
		(-5.81)	(3.88)	
Ygap	0.002***	-0.005***	—	0.020***
	(3.06)	(-4.92)		(9.57)
TECHgap	-0.017***	-0.057***	—	-0.108***
	(-4.42)	(-8.79)		(-7.18)
Land	-0.258***	0.190**	—	-0.901**
	(-2.35)	(1.74)		(-2.14)
Road	0.019**	—	—	0.067**
	(1.81)			(1.67)
FDI	—	—	—	—
Buget	-0.003**	-0.005**	0.013***	—
	(-1.78)	(-1.74)	(2.54)	
Cons	0.148***	0.726***	0.075**	0.368***
	(7.53)	(17.50)	(1.74)	(4.91)
VIF 均值	1.63	1.37	1.98	1.62
P 值	10%	10%	10%	10%

注：括号中的数值为 z 值；—表示未通过显著性检验；***和**分别表示变量通过了 1%和 5%的显著性检验。

表 9-3 分阶段样本估计结果

变量	1996~2002 年估计结果				2003~2009 年估计结果			
	全要素生产率	技术进步效率	纯效率	规模效率	全要素生产率	技术进步效率	纯效率	规模效率
Fixed	-0.531***	—	—	—	-0.157***	—	—	-0.683***
	(-6.22)				(-3.82)			(-2.43)

续表

变量	1997~2002年估计结果				2003~2009年估计结果			
	全要素生产率	技术进步效率	纯效率	规模效率	全要素生产率	技术进步效率	纯效率	规模效率
Stru	0.494***	−0.182***	−0.160**	—	0.079**	—	—	0.396**
	(4.66)	(−3.54)	(−1.95)		(2.68)			(1.72)
Human	0.342***	—	−0.116**	—	—	0.172***	—	0.447***
	(4.47)		(−2.01)			(3.83)		(3.36)
Aggl	—	−0.068***	0.042**	—	—	−0.111***	0.288***	—
		(−4.33)	(1.89)			(−4.31)	(4.84)	
Ygap	0.003***	−0.002**	—	0.016***	—	−0.007***	−0.085**	0.022***
	(3.00)	(−1.68)		(6.50)		(−5.67)	(−1.85)	(6.62)
TECHgap	−0.024***	−0.049***	—	−0.076***	—	−0.056***	—	−0.155***
	(−3.63)	(−7.21)		(−4.42)		(−5.01)		(−5.32)
Land	—	—	—	−2.166***	−0.235***	—	1.210**	0.782**
				(−3.06)	(−2.96)		(2.39)	(−2.38)
Road	—	—	—	0.299***	0.147**	—	−0.085**	—
				(4.49)	(1.90)		(−1.85)	
FDI	—	—	—	—	—	—	—	—
Buget	—	—	—	—	−0.003**	−0.011***	—	—
					(−2.45)	(−3.05)		
Cons	0.179***	0.478***	0.005	0.141**	0.109***	0.878***	−0.244**	0.605***
	(6.32)	(13.07)	(0.13)	(1.65)	(9.46)	(19.80)	(−2.02)	(4.88)
VIF均值	1.72	1.25	1.14	1.54	1.83	1.37	1.97	1.62
P值	10%	10%	10%	10%	10%	10%	10%	10%

注：括号中的数值为z值；—表示未通过显著性检验；***和**分别表示变量通过了1%和5%的显著性检验。

在总体样本的检验中，变量 Fixed 在所有方程中均通过了 1%水平的显著性检验，且相关系数均为负数，说明高新区固定资本规模扩张已经成为抑制全要素生产率改善的重要因素，这表示高新区亟须改变传统的资本扩张方式以适应全要素生产率的提升。作为反映资本结构变化的变量，Stru 对 TFP 和 SECH 的影响显著为正，反映出在高新区技术赶超过程中，资本深化是推动全要素生产率改善的重要力量，而这种作用主要是通过改善规模效率实现的。就资本结构变化而言，中国高新区的资本深化已经接近稳态，至 2004 年人均资本已经转为负值，如果高新区无法获得其他方式的技术进步，其技术赶超将难以为继。变量 Human 对 TFP、TE 和 SECH 的影响显著为正，表明高新区人力资本集聚不仅促进了技术前沿面上移，还促进了规模效率改善，具备创新型经济特征。

在高新区的扩张过程中，专业化集聚通常会形成溢出效应，例如，人力资本的集聚不仅能够提高内生性的个体效应，也会提升社会生产的外部效应（Lucas，1988），并刺激新技术不断涌现以提升技术前沿面。在对空间效应的检验中，变量 Aggl 对 TE 的影响显著为负，对 PECH 的影响显著为正，这意味着在实践层面，高新区作为特定的空间组织形式促进了纯效率的提升，但是无法促进技术前沿面上移，难以通过自我演化达到更高的技术阶段。母城科技支出是高新区技术进步的重要外部推力，变量 Buget 对 TE 的影响显著为负，对 PECH 的影响显著为正，说明母城与高新区之间的技术链接较为脆弱，难以提供显著意义的技术支撑。

反映高新区增长差距的变量 Ygap 对 SECH 的影响显著为正，对 TE 的影响显著为负，说明在以经济增长为主要考核指标的形势下，高新区之间赶超竞争和相互模仿主要集中在管理制度和运行机制方面，难以在技术进步层面形成良性竞争。反映技术差距的变量 TECHgap 对 SECH 和 TE 的影响均显著为负，反映出技术水平较低的高新区技术进步更加困难，如果这种状况得不到改善，中国高新区的技术进步将出现进一步分化。

在对区位变量的检验中，变量 Road 对 SECH 的影响显著为正，变量 Land 对 SECH 的影响显著为负，但是对 TE 的影响显著为正，说明在交通发达区域，高新区容易集聚传统资本获得规模效应，而土地成本比较高的区域通常具有更高的发展水平，高新区通常会集聚高技术资本推进园区发展，从而导致技术前沿面上移。

在对城市开放度的检验中，变量 FDI 没有通过检验，说明城市开放度并未对高新区技术追赶产生实质性影响。在国际分工中，由于中国高新技术产业主要集中于全球价值链的加工制造环节，而中国高新技术产品的对外贸易又在不断强化这一地位[①]，导致 FDI 对中国高新区的影响主要集中于加工制造环节，对于技术进步层面的影响较为微弱，这在外资集聚区和传统工业区的高新区中体现得尤为突出。

考虑到中国高新区技术赶超的阶段性，将整体样本划分为 1996～2002 年和 2003～2009 年两个阶段。结果显示，变量 Fixed 在后期对 SECH 产生了明显的抑制作用，而作为反映资本结构变化的变量，Stru 在前期对 TE 和 PECH 的影响显著为负，到了后期对 SECH 的影响则显著为正。这是由于中国高新区发展初期以低技术资本为主，资本集聚容

---

① 从贸易结构来看，1996～2004 年中国高新技术产品加工贸易比例高达 90%，一般贸易比重仅占 7% 左右，同时，高新技术产品进出口占工业制成品的比重不断上升，2009 年分别达到 43.3% 和 31.1%，说明对外贸易在不断强化中国高新技术产业专注于加工制造这一国际分工地位。

易受到空间限制而抑制规模效率,资本结构的持续深化将不断优化生产要素结构,从而改善规模效率。结合变量 Human,在前期对 PECH 的影响显著为负,到后期对 TE 和 SECH 的影响显著为正,反映出人力资本集聚带来了技术前沿面上移和规模效率改善,说明高新区在发展后期逐渐具备创新经济特征。

变量 Aggl、Ygap 和 TECHgap 在前期和后期样本中的检验结果较为一致。变量 Land 在前期对 SECH 产生显著的负向作用,而到后期对 PECH 和 SECH 产生显著的正向作用,变量 Road 在前期对 SECH 的影响显著为正,而到后期对 PECH 的影响显著为负。综合而言,区位变量的检验结果支撑中国高新区资本结构不断优化这一观点。

9.4 本章小结

在对相关文献进行梳理的基础上,本书采用翔实的数据对中国高新区技术赶超特征进行了分析,并采用方差膨胀因子分析法和逐步回归法检验了技术赶超的影响机制。研究发现,中国高新区全要素生产率改善主要是由资本深化推进的,高新区长期沿用的资本集聚战略对全要素生产率改善起到了抑制作用。从人力资本集聚的检验结果来看,高新区后期逐渐出现创新经济特征,对区位变量的检验结果也支撑这一结论。此外,专业化集聚、高新区之间的技术差距和增长差距均对高新区技术赶超产生了不同程度的影响,母城科技投入和外商直接投资未促进高新区技术进步。综上所述,提出如下政策建议。

第一,结合全球价值链和全球技术链制定高新区转型升级战略,推动高新区发展从产业要素集聚向创新要素集聚转变。在全球化进程中，高新区不仅要成功融入国际分工体系，还应尽快融入全球创新体系并获得发展的主动权。在实践层面，可以通过加强海外引智等方式强化园区创新孵化功能，还需要从知识供应链优化视角推动官产学研一体化进程，如近年来各地重点推进的科技创新孵化园、各种类型的创业特别社区（如南京紫金科技创业特别社区）等，这些举措是推进高新区技术升级的重要动力。

第二，进一步优化政策结构，构建均衡化的政策体系推动高新区技术升级。我国高新区政策长期集中于供给侧，对于这一类政策，要立足于从加强资本供给向加强创新资源供给转变，如将政策重心转向吸引外资研发机构、吸引国际高端创业人才等；其次要加强环境面政策的供给，进一步强化高新区的服务功能，如推动高新区创业板上市、构建知识产权交易平台等；在需求侧政策上，要注重开拓国际市场和深化国内市场，制定涵盖财税、外贸及产业等层面的综合政策，为高新区技术升级提供动力。

第三，重视空间资源的优化与重组，充分利用好空间分工与协作关系以促进高新区发展。注重区域产业资本和科技资源的专业化分工，并以特定的产业链和技术创新链作为主线，为高新区技术赶超提供便利；统筹好母城科技投入与高新区技术赶超的关系，营造高新区之间良好的技术竞争关系；注重高新区内部的专业化分工与建设，着力培育各类创新集群，推进高新区技术升级。

第10章　全球化视角下创新集群的演化路径

10.1　研究背景与理论框架

集群在实践中能够促进新企业的形成、提升企业生产效率及创新能力（Beaudry and Breschi，2003），而创新在集群中发生的频率也明显高于其他地方（Maskell and Malmberg，1999），使得从区域层面激发创新成为欧盟一系列动议的重要目标。为了发挥"集群式"的创新优势以应对国际竞争压力，创新集群被 OECD 当作重要的区域政策工具提出，成为继国家创新系统之后又一个重要的框架概念，并被解释为简化的国家创新系统，包括组织机制、内部关联及演化动力等。由于集群理论的广泛适用性，"创新集群"这一概念一经提出就很快被学术界和政策领域所采用，在全球范围内掀起了创新集群的研究热潮。

作为一个高度抽象的概念，创新集群并没有一个公认的学理上的定义，在学术领域仍然存在着相当大的分歧，因此，对于创新集群的基本属性进行阐述显得尤为重要。根据欧盟委员会（以下简称欧委会）的观点，创新可以解释为在经济和社会氛围中对新奇事物的成功生产、吸收和开发，这一概念将创新解释为不同新奇事物商业化的过程，包括生产创新、过程创新、市场创新和组织创新等。至于集群，其初始内涵为在空间维度的地理邻近，这种邻近将会通过技术溢出和规模经济产生更多的价值增值，创新绩效也将因为不同主体之间的交互学习过程得到大幅度提高。随着产业结构的不断演进,除了空间维度以外,制度因素、组织机制也成为阐述集群本质的重要维度(Cooke et al.,2004),尤其是在技术经济范式中,信息技术加速了技术扩散,集群的本质功能逐渐从传统的地理邻近转向为新的虚拟化交互作用。

在现有文献中,微观层次的研究主要关注创新集群的指标、发展条件、支持机构、竞争环境和现行绩效,以及合作研究网络等。在区域层面,现有研究试图在国家创新系统框架下重新刻画创新集群关键特征,并在区域层面上研究创新集群是如何催生知识经济的。鉴于创新集群的复杂性和多样性,现有研究难以给出创新集群学理上的确切定义。借助地理学和社会资本理论等多学科知识,有助于解构创新集群演化的动态特征及其本质。而考虑到生产资本和智力资源在新一轮国际分工中的配置,从全球化视角对创新集群演化展开研究无疑能够为政策实践提供更加贴切的证据。

由于创新集群的定义存在过多分歧(Davies and Ellis,2000),而且知识体系过于碎片化,描述性内容占据主导,本书以全球价值链和全球技术链作为主要维度,对创新集群的协同演化脉络进行分析。

10.1.1 集群内涵的演化

在早期的集群内涵中,空间邻近是集群重要的实现机制。在区位理论者(Weber,1962)的论述中,空间邻近是一个典型的地理概念;经济活动在地理空间上的邻近能够带来专业化分工、规模经济和生产外部性等优势。在重工业时代,这些优势构成企业竞争力的重要来源,能够通过大宗货物采购、大宗货物运输等方式降低企业生产成本。随着产品的复杂化,高技能劳动者成为影响企业生产的首要因素,这一阶段企业开始向低劳动成本区域集中,拥有广泛的内部生产网络、能够实现大宗购买和销售,具有便利基础设施条件的区域开始成为集聚区。

在进入信息社会以后,企业产品变得更加精巧和智能化,知识获取成为产品竞争力的重要基础,并成为产品附加值的重要组成部分。在这一阶段,不同主体之间的知识和技术溢出,以及不同主体之间的互动成为集群功能的重要实现方式。由于创新更容易在不同主体互动的情形下发生,而这种互动通常是随机和多元的,非空间性的合作就显得格外重要。因此,集群的本质实际上已经开始从地理学意义上的空间邻近转化为虚拟的知识交流与互动,集群的邻近性可以理解为内部知识连接,同时,集群从生产导向转化为知识导向,网络成为重要的连接形式。在这种情况下,从系统或者网络视角对集群中的竞争力、知识流及创新问题进行研究显得格外重要(Brenner et al., 2011)。

10.1.2 全球价值链的演化

全球价值链概念有助于从空间维度解释创新集群的形成过程。完整的价值链由 6 个环节组成,包括研发、设计、生产、市场销售、利润分配和顾客服务。从最一般的形式来说,价值链就是"一个把技术融合于原材料、劳动投入,然后不同的投入被组合、销售和分配的过程,一个企业可以由这个过程中的一个环节组成,也可以更广义地理解为处于垂直分工的某个环节"(Kogut, 1985)。

自第二次世界大战以来,生产和贸易的全球化已经成为当代经济中最重要的特征，全球范围内的产业能力开始被大大加强，跨国企业的垂直整合能力也被加强。作为结果，跨国公司开始重新定义核心能力，开始强调创新和产品战略、市场营销，以及制造业和服务业中增加值最高的部分，并削减大量的"非核"功能，从而形成大量的碎片。在全球价值链中，领先企业通过强化核心竞争力环节以获得最高附加值，其他环节根据区域比较优势被外包到最合适的地方，这样，全球价值链通过贸易融合和生产分离得以在空间优化重组，并在特定的区域条件下演化成为不同类型的集群，其中一些为形成创新集群提供了基础。

10.1.3 全球技术链的形成

科学和技术组成了创新集群竞争力的基础，为了厘清创新集群演化的知识源头，需要引入全球技术链概念。根据牛津词典，"科学"可以解释为"通过观察和实验，对物理和自然世界的结构和行为进行系统学习的智力和实践活动"；"技术"可以解释为"科学知识对于实践目的的应用，尤其是在产业领域"。在实践层次上，科学对于技术的贡献至少存在于以下6个方面：①直接提供新的知识；②提供工具和技术来源；③提供研究指导、实验技术和分析方法；④为新的人类技能开发提供研究实践；⑤为技术评价提供创造性知识；⑥为更有效率的战略和新技术提供知识基础（Brooks，1994）。

在实践中，科学知识向技术应用的转化关系可以使用创新过程的"管道模型"来描述。通过管道模型，新的科学知识不断在技术应用中涌现，如应用研究、设计、制造和商业化等。随着全球产业结构调整及科技资源的重新配置，知识供给出现全球化、分散化的趋势，如科学家的国际化流动、全球知识合作的加强，以及国际研发机构的迁移等，这些知识网络与全球价值链的相关环节紧密融合，逐步形成全球性的技术链。

10.2 创新集群的协同演化路径

在集群内涵的演化过程中，科学和技术发挥着重要的作用，正如Schumpeter（1939）的观点，"创造性破坏"将会带来产业结构的整体转变，这意味着新兴技术不仅能够提升产业的竞争优势，还能够促进新兴产业的出现。从另外一个角度来看，新兴产业不仅为科学技术提供更广阔的应用空间，还能够为科学技术提供足够的物质支持。因而，全球价值链和全球技术链能够实现协同演化。

为了研究创新集群的协同演化，需要从产业演化和技术供给两个维度进行解析。在横向维度上，以全球产业结构演化作为标度，在纵向维度上，重点关注全球价值链的"研发设计环节"和"加工制造环节"，为了体现出知识供给的作用，将全球技术链作为虚线标出，箭头方向表示新兴知识的产出，这样能够系统体现出技术供给和产业演化的关系。在图10-1中，可以对每个象限中集群的特征进行提炼，并结合产业演化和技术供给的关系，刻画出不同集群的协同演化路径。

从产业维度来看，第一象限和第二象限属于新兴产业范畴，新知识和新技术是主要的价值活动来源，属于典型的创新集群。具体而言，第一象限的集群可以定义为科学与知识集群，主要由大学、研究机构和政府与管理机构等组成。这类集群通常创造出新兴知识并推动新的技术

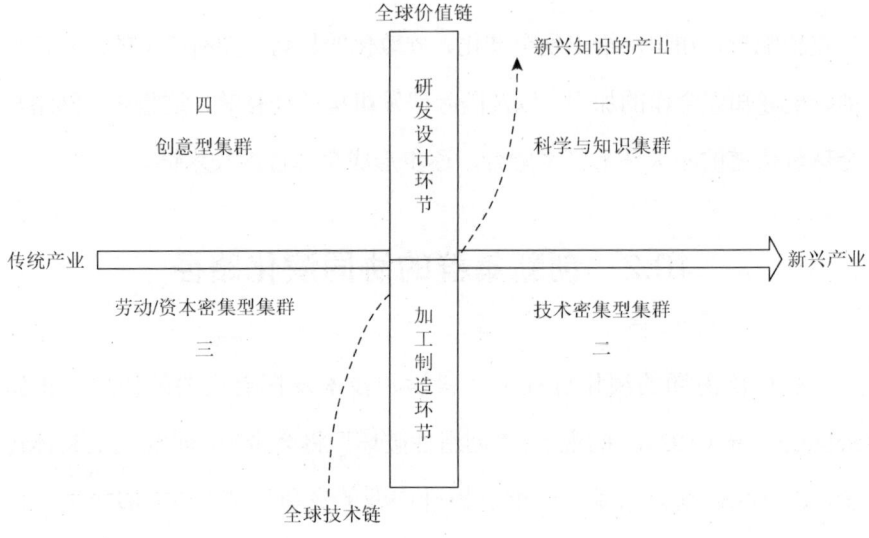

图 10-1 创新集群的协同演化路径

前沿面发展,最终也会促进新兴产业的出现。这些集群通常是在国家或者区域层面上通过特定的科学动议和科学战略推动的,往往需要投入大量的智力资源,并且促进颠覆性的创新。从全球视野来看,科学与知识集群通常是全球技术链的实际控制者,是获取未来竞争优势的基础。

沿着全球技术链,知识集群将会衍生出技术密集型集群,在这些集群中,新的科学知识不断转化到产业应用领域,在各类科学园或专业孵化器中尤为活跃。在一些高新技术产业中,跨国公司大量转移生产性环节到发展中国家以节约生产成本,这些发展中国家也渴望参与国际分工以发展经济和促进就业,导致一些高技术生产集中区域的出现。在这些区域中,跨国公司开始转移部分研发机构以从东道国获得更多的智力支持和信息支持,东道国通常也会投入大量研发资源来提升区域创新能力,使得该区域迅速形成具有持久性的技术密集型集群。

随着产业结构不断演化，技术密集型集群将会衰退为传统的劳动/资本密集型集群。由于缺乏核心技术，这些集群的优势主要来自于廉价的生产成本，成为典型的劳动/资本密集型集群。此外，第四象限集群的价值增值同样来自于新知识的应用，但是该类集群大多属于传统产业范畴，其中以创意型集群最为典型，如各类时装集群、家具集群等。各类集群的特征可以用表10-1来表示。

表 10-1　各类集群的特征

类型	构成要素与集聚机制	定位	优势与不足	典型事例
科学与知识集群	• 大学、研究机构、政府与管理机构等 • 以科学和知识网络为主导的网络连接机制	• 追求领先优势与未来市场 • 颠覆性创新、产生新知识和新技术 • 产生短期垄断	• 控制全球价值链 • 知识溢出较强 • 知识生产过程和未来市场的不确定性	新兴技术的研发网络，如纳米研发网络、石墨烯研发网络等
技术密集型集群	• 高新技术企业、投资者、研发机构与服务机构等 • 科学知识网络与生产网络的交互连接机制	• 瞄准高端市场 • 专业化于开发新产品和渐进式创新 • 规模化生产	• 技术溢出较强 • 产品的高竞争力、控制全球价值链 • 缺乏颠覆性创新	美国硅谷、韩国大德科技园区、中国台湾新竹科技园区、印度班加罗尔软件园等
劳动/资本密集型集群	• 制造业企业、熟练劳动力的蓄水池等 • 地理上的空间集聚机制，嵌入当地社区	• 瞄准成熟市场 • 专业化于制造业资本密集型产品 • 规模化生产	• 低生产成本、低进入门槛和低附加值 • 对能源和环境消耗较大	德国鲁尔工业区、中国长三角地区的毛纺、五金等轻工业集聚区
创意型集群	• 知识型企业与知识密集型人力资本等 • 不同知识主体之间的网络非正式连接和强烈互动	• 瞄准知识市场 • 提供专业化智力产品 • 接近市场	• 高附加值、高智力投入，知识溢出较强 • 市场的不确定性	欧洲各类时装集群、珠宝集群，以及家具集群等

10.3　创新集群演化的动力模型

创新集群的演化动力构成了相关政策和战略的基础，是政策制定者关注的重要内容。本书将结合国际分工理论中的引力模型和技术赶超中的推进理论,从全球价值链、全球技术链和产业演化维度研究创新集群的动力来源。在实践层面,这些动力可以来自于政府、市场或者自我组织等方面。从系统观出发,可以将其分为自上而下的推进力、自下而上的吸引力和集群内部的自组织力三类。

10.3.1 自上而下的推进力

自上而下的推进力通常来自于政府和相关权威机构,如各类动议、战略和政策工具,这些推进力的主要目标在于通过全球技术链或全球价值链培育创新集群。在发达国家,创新集群演化的推进力主要来自于供给侧,通过实施相关科技创新战略以保持领先地位,如美国硅谷、美国128公路产业带等就是典型的例子。在实践中,欧委会在1995年颁发了《绿色创新白皮书》以催生区域创新活动,后来在集群理论的影响下,欧委会开始在一些国家和地区启动创新集群动议。OECD在1999年颁布了创新启动计划,在2001年启动了创新集群推动计划,极大促进了创新集群的发展。美国竞争力委员会则在2001年启动了创新集群动议,用以提升区域竞争力。值得一提的是,近年来科技创新领域的推进力正在逐步从供给侧向环境面和需求侧转变,如创新的政府采购、创新采购的金融支持服务、各种训练和识别机制来促进吸收能力等(Edler, et al., 2012),这表示创新集群的推进政策也应该转向对需求侧的开发。

对于赶超型区域而言,自上而下的推进力经常作为赶超战略的一部分作用于全球价值链,例如,通过优惠政策(包括 FDI 政策、财政政策和税收政策等)吸引国际分工中的外包环节,从而形成许多生产性环节的集聚区,最终演化为技术密集型集群,如印度班加罗尔软件园,以及中国的 54 个国家级高新区等。当这些区域具有坚实的技术基础和产业基础之后,许多更富有雄心的创新目标将被提出,推动这些区域向全球技术链核心环节演化。

10.3.2 自下而上的吸引力

吸引力模型起源于牛顿的重力定律,在经济学理论中,吸引力模型被用于描述贸易流、资本流和不同区域的移民状况等。考虑到创新集群的协同演化路径,自下而上的吸引力可以被归纳为寻求利润最大化的内在驱动力量,这种力量可能来自于全球价值链,也有可能来自于全球技术链,如寻求低成本优势、某种特殊的创业氛围及文化优势等。通常这种吸引力涵盖要素禀赋优势、市场优势及制度文化优势等。

禀赋优势通常意味着更低的成本,例如,劳动力、土地资源和矿产资源的充分供给,以及宽松的环境规制等,这类优势有助于吸引各种低成本生产环节在特定的区域集聚。市场优势也是重要的吸引力来源,近年来,一些跨国公司的研发机构开始接近东道国以获取更加迅速和详细的信息反馈,能够更快地开发新产品。此外,制度文化优势中的创新精神、对失败的宽容,以及对新事物的接纳等,均是科技创新创业的重要引致因素,不仅能够提供有吸引力的创新环境,而且能够孕育领先市场并促进创新集群的发展。

10.3.3 集群内部的自组织力

自组织现象是在研究混沌现象的时候发现的。当足够复杂的相互作用主体放在一起的时候，就会自发出现某种秩序。创新集群作为复杂的组织，具有特定的结构，包括创新主体、产业主体及相关企业、专业化的研发机构及各种代理机构等，当这些机构被创新网络连接在一起的时候，就会产生不同的秩序。作为内生性动力，自组织力通常起源于主体之间的结构和主体之间的相互作用，在微观层面上，不同主体之间的连接及知识流等为自组织力提供了重要基础。通常外界干扰是创新集群内部秩序形成的诱发条件，当自上而下的推进力和自下而上的吸引力产生协同效应时，创新集群就会进行自我良性演化。

综合而言，创新集群演化的混合动力机制可以用图10-2表示。

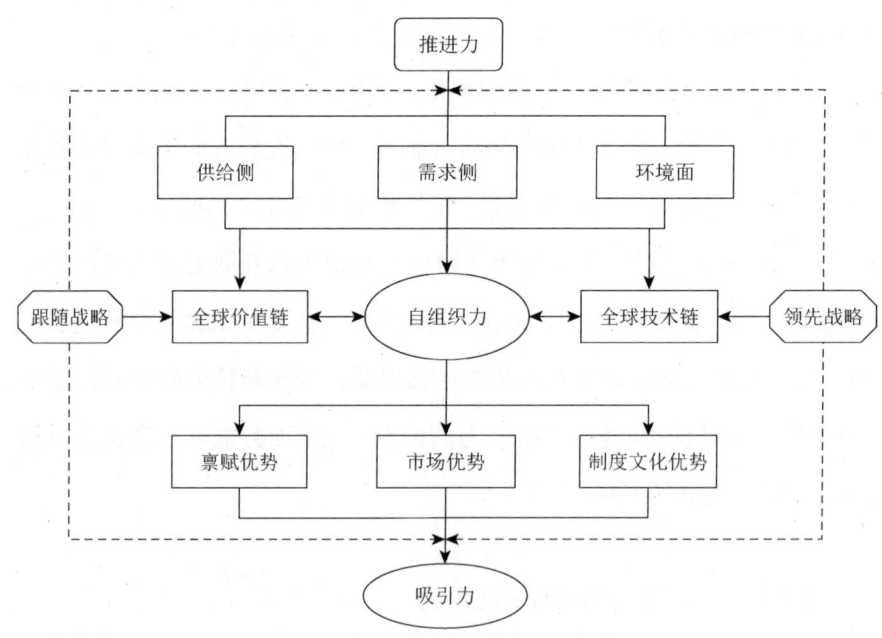

图 10-2　创新集群演化的混合动力机制

10.4 政 策 启 示

美国硅谷的成功激发了世界各国发展高新技术产业的热情,各种类型的科技园区如雨后春笋般发展起来。从全球视野下研究创新集群的协同演化路径,对于研究科技园区升级转型具有重要的启发意义。

发展中国家具有强烈的经济发展冲动,往往出于经济增长的需要而参与国际分工,由于资源禀赋的限制,这些国家通常专注于全球价值链的加工制造环节,形成生产性集聚。在这些区域,如果能够协同产业资源和科技创新资源,就能够形成以新兴产业为主体的创新集群。反之,如果将增长目标置于首位,就会出现多种产业混合发展的局面,最终形成加工制造业集群。

全球技术链为技术赶超提供了重要思路,是许多发达国家制定领先战略的基础。一些新兴工业化经济体实现经济赶超以后,也会沿着全球技术链去推进技术赶超战略,例如,在纳米技术等新兴技术领域,新兴工业化国家正在成为重要的竞争者。从知识网络演化为创新集群,既充满风险,又伴随着超额利润,应该结合政策、资源禀赋和市场条件等因素综合推进。

第 11 章　全球制造业集聚与纳米知识网络分布

自 18 世纪 60 年代工业革命以来，经济活动的集聚特征逐渐受到关注，成为政策制定的重要框架基础。从产业演化的视角来看，经济活动的集聚性具有特定的时代特征。在工业化初期，由于制造业企业的空间集聚能够产生专业化分工、规模经济及经济外部性等作用（梁滨等，2013），地理邻近能够为大宗货物采购和产品运输提供便利（Marshall，1920；Coletti，2010）。随着产品变得复杂化，技能型的劳动力成为产业活动的重要影响因素，劳动成本低廉、基础设施完善并能够嵌入国际分工体系的区域成为制造业企业的重要集聚地。在实践中，这些地理邻近的企业主要集中于各类传统的产业区，以及由政府推进的各类开发区（Malerba，2007）。

在信息化时代，随着技术革命和产业结构升级，灵巧化和智能化产品对于知识获取的要求更高，知识在产品附加值中的比重也逐渐上升。在此形势下，不同主体之间的知识连接和技术溢出逐渐成为重要的影响因素，知识网络逐渐取代地理邻近成为产业竞争力的重要来源。从科学、技术和产业的纵向关系来看，新知识从科学层面向技术和产业应用层面转化具有"管道"特征，通过该"管道"，科学知识能够不断进入应用研究、设计、制造与商业化等环节，从而实现转化（Brooks，1994）。由于科学技术是产业演化的关键推力（Schumpeter，1939），新知识不仅能够增强现有产业的竞争力,往往还能够促进新产业的出现。因此,新兴知识网络将成为决定未来产业竞争的关键。进入后工业化时代以后,纳米技术是世界各国竞相投入的重点领域,在全球范围内研究制造业集聚和纳米知识网络的空间分布规律,不仅有助于揭示全球制造业的集聚特征,还有助于发现新兴技术潜力的空间分布,为相关实践提供有价值的建议。

11.1 全球制造业集聚的空间规律

制造业是工业化社会的主导产业,在传统产业中具有较强的代表性。研究全球制造业集聚的空间规律,有助于发现传统产业空间演化的一般规律。在空间经济学中,专业化集聚的衡量指标有 Hoover 系数、区位熵等,为了反映出全球制造业的空间集聚规律,这里使用区域熵来进行测度,反映制造业专业化集聚程度,计算公式为

$$LQ_{ij} = \frac{E_{ij}}{E_i} \bigg/ \frac{E_j}{E} \qquad (11\text{-}1)$$

式中,LQ_{ij} 表示第 j 个国家/地区在 i 期的制造业专业化集聚程度;E_{ij} 表示第 j 个国家/地区在 i 期的制造业产出;E_i 表示所有样本国家/地区在 i 期的制造业产出;E_j 表示第 j 个国家/地区的 GDP;E 表示所有样本国家/地区在 i 期的 GDP 总值。如果 LQ 值大于 1,则表示该国家/地区的制造业集聚能力要高于样本平均水平,反之则位于平均水平以下。为了使数据更具有说服力,制造业数据采用 2005~2009 年的样本均值,共包括 15 个类属。样本中 GDP 数据涵盖了 2005~2009 年的数据,同样取均值。本书数据来自于联合国工业发展组织(United

Nations Industrial Development Organization，UNIDO）数据库，剔除数据不全的国家，共计 107 个样本。通过比较发现，全球制造业的空间集聚具有较强的规律性。第一，资源型国家通常依托于良好的资源基础大力发展制造业，因而显示出较高的制造业集聚水平，如马达加斯加的制造业区域专业化系数达到 3.63、喀麦隆达到 3.06 等。第二，新兴工业化国家和地区通常借助于国际产业转移及劳动成本优势，大力推进制造业发展，显示出较高的制造业集聚倾向，尤其是在亚洲地区，这一现象尤为明显，例如，中国的制造业区域专业化系数达到 2.80，马来西亚达到 2.01，韩国达到 1.89，新加坡达到 1.85。在其他国家，如越南、泰国等，制造业的区域专业化系数也在 1.0 以上。第三，在欧洲和美洲等的发达国家和地区，由于产业结构升级，这些国家和地区的制造业区域专业化系数大都在 1.0 以下，如英国、法国和美国等。值得注意的是，欧洲的一些传统工业国家仍然将制造业作为支柱产业，从而保持了较高的制造业集聚水平，如捷克的制造业区域专业化系数为 1.47，匈牙利为 1.46，比利时为 1.26，德国为 1.20。

结合全球价值链理论和比较优势理论，由于制造业资本的流动性，发达国家和地区的制造业通常会在全球范围寻找更加低廉的生产成本，而发展中国家出于经济发展的需要，通常会发挥劳动成本的比较优势以吸引这些加工制造环节，导致全球加工制造环节迅速向低成本区域流动。结合现有研究成果，本书使用劳动成本（Wage）对制造业专业化集聚系数（LQ）进行回归，检验制造业集聚在多大程度上受到劳动成本的影响。为了与制造业集聚系数的计算口径保持一致，本书的劳动成本采用 2005～2009 年各国的工资平均值来表示，数据来源于联合国工业发展组织。经过计算，可以发现二者具有如下函数关系：

$$LQ = -0.0001Wage + 3.2171 \qquad (11-2)$$

可以看出，劳动成本与制造业专业化集聚系数之间存在显著的负向关系，这说明在全球范围内，制造业向低劳动成本区域集中的倾向非常明显。在发达国家，英国、美国和法国的年均工资分别为 56309.66 美元、45691.8 美元和 43279.7 美元，而制造业专业化集聚系数仅为 0.61、0.69 和 0.82。在发展中国家，中国、泰国、乌克兰和保加利亚的年均工资分别为 3259.26 美元、2232.70 美元、2876.39 美元和 3205.10 美元，而制造业的区域专业化系数却高达 2.80、1.50、1.30 和 1.19，说明较低的劳动成本是推进制造业集聚的重要因素。

11.2 纳米知识网络的空间分布

纳米技术是未来高科技领域中的关键技术，代表了新兴产业技术发展的重要方向。为了获得远期产业竞争力，世界各国纷纷进行纳米技术研发投资并努力转化为商业应用（Heimeriks，2012）。自 2000 年美国公布国家纳米技术发展动议（National Nanotechnology Initiative，NNI）以来，中国、德国、日本和韩国相继启动国家纳米技术项目，欧盟则在 2002 年将纳米技术确立为优先发展的领域，在全球范围内展开了纳米研发投入竞赛。相较于纳米技术，纳米知识是取得技术竞争力的重要基础，而且具有容易测度的特点，对全球纳米知识网络进行分析有助于判断纳米技术的未来优势及潜力。基于纳米知识的广义定义，本书采用数据挖掘技术获取数据并绘制了 2012 年全球纳米知识网络。其中，中国和美国是纳米论文产出最多的两个国家，分别达到 32325 篇和 24262 篇，其次为韩国（16236 篇）、日本（15387 篇）、德国（14482 篇）、印度（11477 篇）和法国（10491 篇）。就数量而言，纳米论文产出主要集中于传统发达国家和新兴工业化国家，前者主要是为了保持领先优势，后者则是出于赶超的需要。从网络中心性来看，美国是最大的中心节点，拥有最多的国际合作数量，其次为德国、英国、意大利和法国。整体而言，传统发达国家在纳米知识网络中显示出较高的中心性，而新兴工业化国家的中心性程度较低，这说明前者在纳米研发方面具有领先地位，能够产生溢出效应；而后者的对外合作主要限于发达国家，反映出纳米技术研究仍然处于赶超状态，与发达国家展开合作是缩小差距的重要手段。

纳米知识具有新兴知识的典型特征，通常而言，这类知识产出主要受研发资助强度的影响（Shapira and Wang，2010）。为了揭示二者的具体关系，本书使用 2005~2009 年的国别研发投入（RD）对纳米论文产出（Article）进行回归。回归结果表明研发投入对纳米论文产出具有显著的正向促进作用，每 1 个百分点的研发投入将带来 0.857 个百分点的纳米论文产出。反映拟合程度的 R^2 为 0.814，说明研发投入对纳米论文产出具有显著的正向联系。

$$\text{Article} = 0.857\text{RD} - 15.811 \tag{11-3}$$

在研发投入出最多的 5 个国家中，美国年均研发资助强度达到 40258.09×10^6 美元，日本为 16904.68×10^6 美元，德国为 9309.65×10^6 美元，中国为 8495.02×10^6 美元，法国为 5989.81×10^6 美元，其他欧洲国家和新兴工业化国家研发投入大多在 100×10^6 美元以上，反映出世界各国对于新兴技术的投入力度相当巨大,说明纳米论文产出在很大程度上是由研发投入决定的。

11.3 本章小结

随着技术进步和产业结构演化,知识网络开始取代地理邻近成为产业竞争力的重要来源。本书选取制造业作为传统产业的代表,选取纳米技术作为新兴产业技术的代表,分别考察全球制造业集聚和纳米知识网络的分布规律,发现资源型国家、新兴工业化国家和传统工业国家的制造业集聚水平较高,这种集聚在很大程度上是由劳动成本决定的。纳米论文产出主要取决于研发投入力度,其中,美国、德国和英国等传统发达国家在纳米知识网络的中心性程度明显较高,说明这些国家具有溢出效应。

在全球价值链上,由于加工制造业资本具有较强的流动性,发展中国家和地区充分发挥劳动力比较优势参与国际分工,有助于实现经济的快速赶超。而对于资源型国家、新兴工业化国家和传统工业国家,则需加大技术创新力度以促进先进制造业发展。对于纳米技术等新兴产业技术,后发国家不仅需要加大研发投入力度,同时需要加强与领先国家的合作以获取较高的研究质量。

参考文献

艾冰. 2009. 政府采购促进自主创新的关系及效果研究. 长沙：中南大学博士学位论文.

安同良, 千慧雄. 2014. 中国居民收入差距变化对企业产品创新的影响机制研究. 经济研究, (9): 62-76.

白俊红. 2013. 我国科研机构知识生产效率研究. 科学学研究. 31 (8): 1198-1206.

白彦锋, 徐晟. 2012. 中国政府采购促进自主创新的角色分析. 首都经济贸易大学学报, 14 (2): 18-23.

曹霞, 于娟. 2015. 绿色低碳视角下中国区域创新效率研究. 中国人口·资源与环境, (5): 10-19.

常超, 王铁山, 王昭. 2008. 政府采购促进企业自主创新的经验借鉴. 经济纵横, 273 (8): 100-103.

陈关聚, 安立仁. 2015. 外资企业在华研发机构创新效率研究. 中国软科学, (3): 117-126.

陈劲. 1999. 国家绿色技术创新系统的构建与分析. 科学学研究, 17 (3): 37-41.

陈凯华, 汪寿阳. 2014. 考虑环境影响的三阶段组合效率测度模型的改进及在研发效率测度中的应用. 系统工程理论与实践, 34 (7): 1811-1821.

陈麟璨, 王保林. 2015. 新能源汽车"需求侧"创新政策有效性的评估——基于全寿命周期成本理论. 科学学与科学技术管理, 36 (11): 15-23.

陈诗一. 2011. 中国工业分行业统计数据估算：1980—2008. 经济学季刊, (3): 735-776.

成力为, 戴小勇. 2012. 研发投入分布特征与研发投资强度影响因素的分析. 中国软科学, (8): 152-165.

楚天骄, 杜德斌, 姜涛. 2008. 143家国有工业企业R&D能力调查. 中国科技论坛, (3): 63-66.

崔新健. 2008. 外资研发中心对中国国家创新体系的正效应. 国际贸易问题, (1):

17-20.

丁堃. 2009. 论绿色创新系统的结构和功能. 科技进步与对策, 26 (15): 116-119.

董颖, 石磊. 2010. 生态创新的内涵、分类体系与研究进展. 生态学报, 30 (9): 2465-2474.

杜伟锦, 余方方, 杨伟. 2013. 跨国公司研发投入对本土企业创新绩效的影响——基于浙江数据的实证研究. 科技与经济, 26 (1): 55-59.

范红忠. 2007. 有效需求规模假说、研发投入与国家自主创新能力. 经济研究, (3): 33-44.

方远平, 谢蔓. 2012. 创新要素的空间分布及其对区域创新产出的影响——基于中国省域的 ESDA-GWR 分析. 经济地理, 32 (9): 8-14.

方臻旻, 傅元海. 2012. 知识产权、人力资本与外资企业研发水平——基于知识产权和就业流动约束的检验. 经济学家, (9): 13-21.

冯根福, 刘军虎, 徐志霖. 2006. 中国工业部门研发效率及其影响因素实证分析. 中国工业经济, (11): 46-51.

关志民, 吴浩, 陶瑾, 等. 2014. 产学研合作中政府支持作用与成功因素的探索性研究——基于辽宁省企业和高校/科研机构的调查数据. 科技进步与对策, (7): 43-47.

郭燕青, 李磊, 姚远. 2016. 中国新能源汽车产业创新生态系统中的补贴问题研究. 经济体制改革, (2): 29-34.

韩书成. 2008. 外资研发活动对自主创新能力的影响——来自中部武汉的企业案例研究. 中国科技论坛, (2): 49-52.

何文韬, 肖兴志. 2017. 新能源汽车产业推广政策对汽车企业专利活动的影响——基于企业专利申请与专利转化的研究. 当代财经, (5): 103-114.

胡凯, 蔡红英, 吴清. 2013. 中国的政府采购促进了技术创新吗? 财经研究, (9): 134-144.

贾明琪, 朱亚宁, 辛江龙, 等. 2014. 技术创新与政府采购关系实证研究——基于开放性视角. 科技进步与对策, 31 (20): 7-12.

姜彩楼, 李燕超, 朱琴. 2015. 全球化视野下创新集群的协同演化及政策启示. 软科学, 186 (6): 1-4.

姜彩楼,徐康宁,朱琴. 2012. 经济增长是如何影响能源绩效的?——基于跨国数据的经验分析. 世界经济研究,(11):16-21.

姜彩楼,查颖. 2015. 中国高新区技术赶超效应分解及影响因素研究. 华东经济管理, 29(5):69-74.

蒋殿春,夏良科. 2005. 外商直接投资对中国高技术产业技术创新作用的经验分析. 世界经济,(8):3-10.

晋朝军. 2015. 政府采购对国内自主创新行为的实证研究. 长江大学学报(社会科学版),(1):71-73.

靖学青. 2010. 长三角16城市利用FDI业绩和潜力比较研究. 上海交通大学学报(哲学社会科学版),(18):35-41.

阚大学,吕连菊. 2015. 对外贸易、地区腐败与环境污染——基于省级动态面板数据的实证研究. 世界经济研究,(1):120-126.

康志勇,张杰. 2008. 有效市场需求与自主创新能力影响机制研究——来自中国1980-2004年的经验证据. 财贸研究, 19(5):1-8.

科特尔R,兰博V,贾根良,等. 2012. 发展中国家为什么不要加入WTO政府采购协议? 国外理论动态,(2):49-59.

李武威. 2012. 外资研发对我国本土企业创新绩效影响的实证研究——基于我国东、中、西部不同区域的异质性分析. 情报杂志,(10):189-200.

李小平,卢现祥. 2010. 国际贸易、污染产业转移与中国工业CO_2排放. 经济研究,(1):15-26.

李政,杨思莹. 2014. 我国地区研发效率的演变和收敛性特征——基于随机前沿方法的分析. 华东经济管理, 28(9):1-6.

李子联,朱江丽. 2014. 收入分配与自主创新:一个消费需求的视角. 科学学研究, 32(12):1897-1908.

李子奈,潘文卿. 2000. 计量经济学. 北京:高等教育出版社.

梁滨,邓祖涛,梁慧,等. 2013. 区域空间研究:经济地理学与新经济地理学的分歧与交融. 经济地理, 34(2):9-13.

林洲钰,林汉川,邓兴华. 2015. 政府补贴对企业专利产出的影响研究. 科学学研究, 33(6):842-849.

刘畅. 2014. 外资企业在华可持续发展的机制构建——以多元治理为视角. 经济体制改革,（2）：107-111.

刘和东, 梁东黎. 2006. R&D 投入与自主创新能力关系的协整分析——以我国大中型工业企业为对象的实证研究. 科学学与科学技术管理, 27（8）：21-25.

刘立. 2011. 科技政策学研究. 北京：北京大学出版社.

刘鹏, 孟凡生. 2014. 中国能源供给结构低碳化影响因素及实现策略. 现代经济探讨,（6）：52-55.

刘瑞翔. 2013. 探寻中国经济增长源泉：要素投入、生产率与环境消耗. 世界经济,（10）：123-141.

刘瑞翔, 安同良. 2012. 资源环境约束下中国经济增长绩效变化趋势与因素分析——基于一种新型生产率指数构建与分解方法的研究. 经济研究,（11）：34-47.

刘伟. 2006. 经济发展和改革的历史性变化与增长方式的根本转变. 经济研究,（5）：4-10.

陆小成. 2013. 我国城市绿色转型的低碳创新系统模式探究. 广东行政学院学报, 25（2）：97-100.

罗小芳, 李柏洲. 2013. 市场新产品需求对大型企业原始创新的拉动机制——基于国内市场与国外市场比较的实证研究. 科技进步与对策,（4）：73-76.

吕国庆, 曾刚, 顾娜娜. 2014. 区域经济学视角下区域创新网络的研究综述. 经济地理, 34（2）：1-8.

马卫红. 2015. 外资研发、制度环境与中国工业企业创新——基于微观企业数据的实证研究. 兰州商学院学报,（1）：26-35.

马永红, 王展昭. 2014. 区域创新系统与区域主导产业互动的机理及绩效评价研究. 软科学, 28（5）：79-83.

马勇, 杜德斌, 周天瑜, 等. 2009. 地方创新环境对外资研发活动的影响分析——深厦甬青连五市的比较. 科学学与科学技术管理,（5）：61-67.

没改完

庞瑞芝. 2009. 转型期间中国工业增长与全要素能源效率. 中国工业经济, 252（3）：49-58.

钱纳里 H, 鲁宾逊 S, 赛尔奎因 M. 2015. 工业化和经济增长的比较研究. 吴奇,王松宝，等译. 上海：格致出版社，上海三联书店，上海人民出版社.

裘文进，周文泳. 2008. 对上海外资研发机构技术外溢的实证研究. 世界经济研究，(7)：65-67.

沈能. 2013. 基于地理溢出的我国研发效率的时空演化特征. 科研管理，34（4）：123-130.

盛垒. 2008. 跨国公司在华研发与中国自主创新发展. 国际经济合作，(4)：16-22.

史欣向，陆正华. 2010. 基于中间产出、最终产出效率视角的企业研发效率研究——以广东省民营科技企业为例. 中国科技论坛，(7)：77-83.

水会莉，韩庆兰，杨洁辉. 2015. 政府压力、税收激励与企业研发投入. 科学学研究，33（12）：1828-1838.

宋河发，穆荣平，任中保. 2011. 促进自主创新的政府采购政策与实施细则关联性研究. 科学学研究，(2)：291-299.

孙晓华，李传杰. 2009. 需求规模与产业技术创新的互动机制——基于联立方程模型的实证检验. 科学学与科学技术管理，30（12）：80-85.

王峰，吴丽华，杨超. 2010. 中国经济发展中碳排放增长的驱动因素研究. 经济研究，(2)：123-136.

王遂昆，郝继伟. 2014. 政府补贴、税收与企业研发创新绩效关系研究——基于深圳中小板上市企业的经验数据. 科技进步与对策，(9)：92-96.

王铁山，冯宗宪. 2008. 政府采购对产品自主创新的激励机制研究. 科学学与科学技术管理，29（8）：126-130.

王婷婷，朱建平. 2015. 环境约束下电力行业能源效率研究. 中国人口·资源与环境，25（3）：120-127.

魏枫. 2009. 资本积累、技术进步与中国经济增长路径转换. 中国软科学,(3):39-46.

魏一鸣，廖华. 2010. 能源效率的七类测度指标及其测度方法. 中国软科学，(1)：128-137.

吴秀波. 2003. 税收激励对R&D投资的影响实证分析与政策工具选拔. 研究与发展管理，15（1）：36-41.

夏海力. 2012. 苏州与沪、甬、深吸引外资研发中心创新环境的比较研究. 华东经济管理，(3)：16-20.

徐进亮,袁婷婷,常亮. 2014. 北京市政府绿色采购促进科技成果转化的实证. 中国人口·资源与环境, 24 (11): 161-167.

许鑫,丁云龙. 2013. 创新导向的政府采购及机制设计. 技术经济, 32 (9): 1-7.

杨雪,顾新,张省. 2014. 基于知识网络的集群创新演化研究——以成都高新技术产业开发区为例. 软科学, 28 (4): 83-87.

于长宏,白辰. 2013. 中国工业企业研发效率的波及面. 沈阳工业大学学报: 社会科学版, 6 (1): 34-41.

余东华,王青. 2009. 地方保护、区域市场分割与产业技术创新能力——基于2000~2005年中国制造业数据的实证分析. 中国地质大学学报, 9 (3): 73-78.

余泳泽. 2011. 创新要素集聚、政府支持与科技创新效率——基于省域数据的空间面板计量分析. 经济评论, (2): 93-101.

余泳泽,刘大勇. 2013. 我国区域创新效率的空间外溢效应与价值链外溢效应——创新价值链视角下的多维空间面板模型研究. 管理世界, (5): 6-20.

余泳泽,刘大勇. 2014. 创新价值链视角下的我国区域创新效率提升路径研究. 科研管理, 35 (5): 27-30.

袁富华. 2012. 长期增长过程的"结构性加速"与"结构性减速": 一种解释. 经济研究, (3): 127-140.

袁晓玲,张宝山,杨万平. 2009. 基于环境污染的中国全要素能源效率研究. 中国工业经济, 251 (2): 76-86.

张钢,张小军. 2011. 国外绿色创新研究脉络梳理与展望. 外国经济与管理, 33 (8): 25-32.

张钢,张小军. 2013. 绿色创新战略与企业绩效的关系: 以员工参与为中介变量. 财贸研究, 24 (4): 132-140.

张海洋. 2005. R&D两面性、外资活动与中国工业生产率增长. 经济研究, 2 (5): 107-116.

张建伟,张吉献. 2015. 外资研发与中国研发产业的空间变系数计量分析. 商业经济研究, (14): 130-131.

张婧. 2014. 基于渐进决策模型对新能源汽车补贴政策的分析. 中国集体经济, (12): 62-63.

张友国. 2010. 经济发展方式变化对中国碳排放强度的影响. 经济研究,(4): 120-133.

朱劲松, 王家年. 2015. 基于比亚迪混合动力汽车"秦"的新能源汽车财政政策研究. 湖北工程学院学报, 35(2): 103-108.

邹文杰. 2015. 研发要素集聚、投入强度与研发效率——基于空间异质性的视角. 科学学研究, 33(3): 390-397.

Adner R, Levinthal D. 2001. Demand heterogeneity and technology evolution: Implications for product and process innovation. Management Science, 47(5): 611-628.

Aghion P, Howitt P. 1998. Endogenous Growth Theory. Cambridge: MIT Press.

Aigner D, Lovell C A K, Schmidt P. 1977. Formulation and estimation of stochastic frontier production function models. Journal of Risk and Insurance, 6(1): 21-37.

Almus M, Czarnitzki D. 2003. The effects of public R&D subsidies on firms' innovation activities: The case of Eastern Germany. Journal of Business & Economic Statistics, 21(2): 226-236.

Arthurs D, Cassidy E, Davis C H, et al. 2009. Indicators to support innovation cluster policy. International Journal of Technology Management, 46(3-4): 263-279.

Aschhoff B, Sofka W. 2009. Innovation on demand—Can public procurement drive market success of innovations? Research Policy, 38(8): 1235-1247.

Autant-Bernard C. 2006. Where do firms choose to locate their R&D? A spatial conditional logit analysis on French data. European Planning Studies, 14(9): 1187-1208.

Balcilar M, Ozdemir Z A, Arslanturk Y. 2010. Economic growth and energy consumption causal nexus viewed through a bootstrap rolling window. Energy Economics, 32(6): 1398-1410.

Battese G E, Corra G S. 1977. Estimation of a production frontier model: With application to the pastoral zone of eastern Australia. Australian Journal of Agricultural and Resource Economics, 21(3): 169-179.

Bauer J M, Shim W. 2012. Regulation and digital innovation: Theory and evidence //

23th European Regional Conference of the International Telecommunications Society, Vienna, Austria.

Bauer J M, Shim W, Bauer J M, et al. 2013. Regulation and innovation in telecommunications. Journal of Neuroscience Methods, 155（1）: 92-97.

Bayoumi T, Coe D T, Helpman E. 1999. R&D spillovers and global growth. Journal of International Economics, 47（2）: 399-428.

Beaudry C, Breschi S. 2003. Are firms in clusters really more innovative? Economics of Innovation and New Technology, 12（4）: 325-342.

Becker B. 2014. Public R&D policies and private R&D investment: A survey of the empirical evidence. Journal of Economic Surveys, 29（5）: 917-942.

Berthon P, Hulbert J M, Pitt L F. 1999. To serve or create? Strategic orientations toward customers and innovation. California Management Review, 42（1）: 37-58.

Bérubé C, Mohnen P, 2009. Are firms that receive R&D subsidies more innovative? Canadian Journal of Economics, 42（1）: 206-225.

Bhandari L. 2006. Cluster initiatives and growth poles: Correcting coordination failure. https://www.researchgate.net/publication/228944379_Cluster_Initiatives_and_Growth_Poles_Correcting_Coordination_Failure[2018-10-20].

Blind K, Bührlen B, Menrad K, et al. 2004. New products and services: Analysis of regulations shaping new markets. http://publica.fraunhofer.de/documents/N-24301.html[2018-10-22].

Bonner J M, Walker O C. 2004. Selecting influential business-to-business customers in new product development: Relational embeddedness and knowledge heterogeneity considerations. Journal of Product Innovation Management, 21（3）: 155-169.

Bradley D, Kim I, Tian X. 2013. Do unions affect innovation? Management Science, 63（7）: 2251-2271.

Brenner T, Cantner U, Graf H. 2011. Innovation networks: Measurement, performance and regional dimensions. Industry and Innovation, 18（1）: 1-5.

Bronzini R, Piselli P. 2016. The impact of R&D subsidies on firm innovation. Research Policy, 45（2）: 442-457.

Brooks H. 1994. The relationship between science and technology. Research Policy, 23 (5): 477-486.

Cantwell J. 1989. Technological Innovation and Multinational Corporations. Oxford: Basil Blackwell.

Chambers R G, Färe R, Grosskopf S. 1996. Productivity growth in APEC countries. Pacific Economic Review, 1 (3): 181-190.

Charnes A, Cooper W, Niehaus R J. 1978. Management science approaches to manpower planning and organization design. https://www.researchgate.net/publication/321551538_Manpower_Planning_and_Organization_Design[2018-10-28].

Chenery H B. 1961. Comparative advantage and development policy. The American Economic Review, 51 (1): 18-51.

Cohen W M, Levinthal D A. 1990. Absorptive capacity: A new perspective on learning and innovation//Strategic Learning in a Knowledge Economy, 35 (1): 39-67.

Cohen W M, Malerba F. 2001. Is the tendency to variation a chief cause of progress? Ind. Corp. Chang., 10 (3): 587-608.

Cohen W M, Nelson R R, Walsh J P. 2002. Links and impacts: The influence of public research on industrial R&D. Management Science, 48 (1): 1-23.

Coletti M. 2010. Technology and industrial clusters: How different are they to manage? Science and Public Policy, 37 (9): 679-688.

Comin D, Hobijn B. 2011. Technology diffusion and postwar growth. NBER Macroeconomics Annual, 25 (1): 209-246.

Cooke P, Uranga M G, Etxebarria G. 2004. Regional innovation systems: Institutional and organisational dimensions. Research Policy, 26 (4-5): 475-491.

Costantini V, Crespi F, Martini C, et al. 2015. Demand-pull and technology-push public support for eco-innovation: The case of the biofuels sector. Research Policy, 44 (3): 577-595.

Costantini V, Mazzanti M. 2012. On the green and innovative side of trade competitiveness? The impact of environmental policies and innovation on EU exports. Research Policy, 41 (1): 132-153.

Davies H, Ellis P. 2000. Porter's competitive advantage of nations: Time for the final judgement? Journal of Management Studies, 37 (8): 1189-1214.

Eaton J, Kortum S. 1997. Engines of growth: Domestic and foreign sources of innovation. Japan and the World Economy, 9 (2): 235-259.

Edler J. 2016. The impact of policy measures to stimulate private demand for innovation. Handbook of Innovation Policy Impact, 10: 318-354.

Edler J, Fagerberg J. 2017. Innovation policy: What, why, and how. Oxford Review of Economic Policy, 33 (1): 2-23.

Edler J, Georghiou L. 2007. Public procurement and innovation—Resurrecting the demand side. Research Policy, 36 (7): 949-963.

Edler J, Georghiou L, Blind K, et al. 2012. Evaluating the demand side: New challenges for evaluation. Research Evaluation, 21 (1): 33-47.

Edquist C, Zabala-Iturriagagoitia J M. 2012. Public procurement for innovation as mission-oriented innovation policy. Research Policy, 41 (10): 1757-1769.

Etzion D. 2007. Research on organizations and the natural environment, 1992-present: A review. Journal of Management, 33 (4): 637-664.

Fontana R, Geuna A, Matt M. 2006. Factors affecting university-industry R&D projects: The importance of searching, screening and signalling. Research Policy, 35 (2): 309-323.

Gallagher K S, Muehlegger E. 2011. Giving green to get green? Incentives and consumer adoption of hybrid vehicle technology. Journal of Environmental Economics and Management, 61 (1): 1-15.

Gambardella A, Raasch C, von Hippel E. 2016. The user innovation paradigm: Impacts on markets and welfare. Management Science, 63 (5): 1450-1468.

Geroski P A. 1990. Procurement policy as a tool of industrial policy. International Review of Applied Economics, 4 (2): 182-198.

Gerschenkron A. 1962. Economic Backwardness in Historical Perspective a Book of Essays. Cambridge: Harvard University Press.

Ghisetti C. 2017. Demand-pull and environmental innovations: Estimating the effects of innovative public procurement. Technological Forecasting and Social Change, 125: 178-187.

Goolsbee A. 1998. Does government R&D policy mainly benefit scientists and engineers? National Bureau of Economic Research, 88 (2): 298-302.

Griliches Z. 1979. Issues in assessing the contribution of research and development to productivity Growth. The Bell Journal of Economics, 10 (1): 92-116.

Grossman G M, Helpman E. 1995. Technology and trade. Handbook of International Economics, 3: 1279-1337.

Guan J C, Liu S Z. 2005. Comparing regional innovative capacities of PR China based on data analysis of the national patents. International Journal of Technology Management, 32 (3): 225-245.

Guerzoni M, Raiteri E. 2012. Innovative public procurement and R&D subsidies: Hidden treatment and new empirical evidence on the technology policy mix in a quasi-experimental setting. Università di Torino, Working paper No.18.

Guerzoni M, Raiteri E. 2015. Demand-side vs. supply-side technology policies: Hidden treatment and new empirical evidence on the policy mix. Research Policy, 44 (3): 726-747.

Guo D, Guo Y, Jiang K. 2016. Government-subsidized R&D and firm innovation: Evidence from China. Research Policy, 45 (6): 1129-1144.

Hall B, Reenen J V. 2000. How effective are fiscal incentives for R&D? A review of the evidence. Research Policy, 29 (4-5): 449-469.

Hart S L. 2005. Innovation, creative destruction and sustainability. Research-Technology Management, 48 (5): 21-27.

Heimeriks G. 2012. Interdisciplinarity in biotechnology, genomics and nanotechnology. Science and Public Policy, 40 (1): 97-112.

Horbach J. 2008. Determinants of environmental innovation—New evidence from German panel data sources. Research Policy, 37 (1): 163-173.

Hu A G, Jefferson G H, Qian J. 2005. R&D and technology transfer: Firm-level evidence from Chinese industry. Review of Economics and Statistics, 87 (4):

780-786.

Jefferson G H, Bai H, Guan X, et al. 2006. R&D performance in Chinese industry. Economics of Innovation and New Technology, (5): 345-366.

Ju Q, Feng T, Ding Y. 2013. Regulation and Environmental Innovation: Effect and Regional Disparities in China// Wong W E, Ma T. Emerging Technologies for Information Systems, Computing, and Management, New York: Springer: 1005-1012.

Kennett M, Steenblik R. 2005. Environmental goods and services: A synthesis of country studies. OECD Trade and Environment Working Papers, 7 (3): 5-6.

Klein J. 2003. Innovative Clusters: Drivers of National Innovation Systems. Oxford: Blackwell Publishers Ltd.

Kleinknecht A, Verspagen B. 1990. Demand and innovation: Schmookler re-examined. Research Policy, 19 (4): 387-394.

Kline S J, Rosenberg N. 1986. An overview of innovation. https: //www.worldscientific. com/doi/abs/10.1142/9789814273596_0009[2018-11-12].

Kogut B. 1985. Designing global strategies: Comparative and competitive value-added chains. Sloan Management Review, 26 (4): 15-28.

Krugman P. 1994. The myth of Asia's miracle. Foreign Affairs, 73: 62-78.

Krugman P, Cooper R N, Srinivasan T N. 1995. Growing world trade: Causes and consequences. Brookings Papers on Economic Activity, 1995 (1): 327-377.

Lasuen J R. 1969. On growth poles. Urban Studies, 6 (2): 137-161.

Laursen K, Salter A. 2004. Searching high and low: What types of firms use universities as a source of innovation? Research Policy, 33 (8): 1201-1215.

Lee C C, Chang C P. 2007. The impact of energy consumption on economic growth: Evidence from linear and nonlinear models in Taiwan. Energy, 32(12): 2282-2294.

Lee K, Lim C. 2001. Technological regimes, catching-up and leapfrogging: Findings from the Korean industries. Research Policy, 30 (3): 459-483.

Lember V, Kalvet T, Kattel R. 2011. Urban competitiveness and public procurement for innovation. Urban Studies, 48 (7): 1373-1395.

Lewin A Y, Massini S, Peeters C. 2011. Microfoundations of internal and external absorptive capacity routines. Organization Science, 22 (1): 81-98.

Li D, Zhao Y, Zhang L, et al. 2018. Impact of quality management on green innovation. Journal of Cleaner Production, 170: 462-470.

Lichtenberg F R. 1989. The impact of the strategic defense initiative on US civilian R&D investment and industrial competitiveness. Social Studies of Science, 19(2): 265-282.

Lin R J, Tan K H, Geng Y. 2013. Market demand, green product innovation, and firm performance: Evidence from Vietnam motorcycle industry. Journal of Cleaner Production, 40: 101-107.

Liu Y, Kokko A. 2013. Who does what in China's new energy vehicle industry? Energy Policy, 57: 21-29.

Lorentziadis P L, Vournas S G. 2011. A quantitative model of accelerated vehicle-retirement induced by subsidy. European Journal of Operational Research, 211 (3): 623-629.

Lucas Jr R E. 1988. On the mechanics of economic development. Journal of Monetary Economics, 22 (1): 3-42.

Ma S C, Fan Y, Feng L. 2017. An evaluation of government incentives for new energy vehicles in China focusing on vehicle purchasing restrictions. Energy Policy, 110: 609-618.

Malerba F. 2007. Innovation and the dynamics and evolution of industries: Progress and challenges. International Journal of Industrial Organization, 25 (4): 675-699.

Mansfield E, Switzer L. 1985. How effective are Canada's direct tax incentives for R and D? Canadian Public Policy, 11 (2): 241-246.

Marshall A. 1920. Principles of economics: An introductory volume, eight edition. Social Science Electronic Publishing, 67 (1742): 457.

Maskell P, Malmberg. 1999. The competitiveness of firms and regions 'ubiquitification' and the importance of localized learning. European Urban and Regional Studies, 6 (1): 9-25.

Mastroeni M, Tait J, Rosiello A. 2013. Regional innovation policies in a globally connected environment. Science and Public Policy, 40 (1): 8-16.

Montmartin B, Herrera M. 2015. Internal and external effects of R&D subsidies and fiscal incentives: Empirical evidence using spatial dynamic panel models. Research Policy, 44 (5): 1065-1079.

Mowery D, Rosenberg N. 2006. The influence of market demand upon innovation: A critical review of some recent empirical studies. Research Policy, 8 (2): 102-153.

Muro M, Rothwell J, Saha D. 2011. Sizing the clean economy: A national and regional green jobs assessment. Metropolitan Policy Program at Brookings, 30 (9): 2465-2474.

Nemet G F. 2009. Demand-pull, technology-push and government-led incentives for non-incremental technical change. Research Policy, 38 (5): 700-709.

Ozturk I, Aslan A, Kalyoncu H. 2010. Energy consumption and economic growth relationship: Evidence from panel data for low and middle income countries. Energy Policy, 38 (8): 4422-4428.

Palmberg C. 2004. The sources of innovations-looking beyond technological opportunities. Economics of Innovation and New Technology, 13 (2): 183-197.

Perrez C, Soete L. 1988. Catching up in technology: Entry barriers and windows of opportunity. Technical Change and Economic Theory, 21: 458-479.

Perroux F. 1950. Economic space: Theory and applications. The Quarterly Journal of Economics, 64 (1): 89-104.

Peters M, Schneider M, Griesshaber T, et al. 2012. The impact of technology-push and demand-pull policies on technical change — Does the locus of policies matter? Research Policy, 41 (8): 1296-1308.

Porter M E. 2000. Location, competition, and economic development: Local clusters in a global economy. Economic Development Quarterly, 14 (1): 15-34.

Porter M E, Linde C V D. 1995. Green and competitive: Ending the stalemate. Harvard Business Review, 28 (6): 128-129.

Rennings K, Rammer C. 2011. The impact of regulation-driven environmental innovation on innovation success and firm performance. Industry and Innovation, 18 (3): 255-283.

Romer P M. 1990. Endogenous technological change. Journal of Political Economy, 98 (5): 1002-1037.

Rosenberg N. 1982. Inside the Black Box: Technology and Economics. Cambridge: Cambridge University Press.

Rothwell R. 1984. Technology-based small firms and regional innovation potential: The role of public procurement. Journal of Public Policy, 4 (4): 307-332.

Rothwell R, Zegveld W. 1981. Industrial Innovation and Public Policy: Preparing for the 1980s and the 1990s. Westport: Greenwood Pub Group.

Schmookler J. 1966. The allocation of resources to invention. (Book reviews: Invention and economic growth). Science, 153 (3742): 1367-1368.

Schumpeter J A. 1939. Business Cycles: A Theoretical, Historical, and Statistical Analysis of the Capitalist Process. New York: McGraw-Hill Book Company.

Shapira P, Gök A, Klochikhin E, et al. 2014. Probing "green" industry enterprises in the UK: A new identification approach. Technological Forecasting and Social Change, 85: 93-104.

Shapira P, Wang J. 2010. Follow the money. Nature, 468 (7324): 627.

Sharma S, Vredenburg H. 1998. Proactive corporate environmental strategy and the development of competitively valuable organizational capabilities. Strategic Management Journal, 19 (8): 729-753.

Solow R M. 1956. A contribution to the theory of economic growth. The Quarterly Journal of Economics, 70 (1): 65-94.

Sommers D. 2013. BLS green jobs overview. Monthly Labor Review, 136 (1): 3-16.

Taylor M R, Rubin E S, Hounshell D A. 2005. Control of SO_2 emissions from power plants: A case of induced technological innovation in the US. Technological Forecasting and Social Change, 72 (6): 697-718.

UNEP-EPO-ICTSD. 2010. Patents and Clean Energy: Bridging the Gap Between Evidence and Policy: Final Report.

UNIDO. 2011. Green Industry Initiative for a Sustainable and Economically Viable Future.

US Department of Labor and Bureau of Labor Statistics. 2010. Occupational Outlook Handbook 2010-2011. JIST Publishing.

Uyarra E, Flanagan K. 2010. Understanding the innovation impacts of public procurement. European Planning Studies, 18 (1): 123-143.

Vecchiato R, Roveda C. 2014. Foresight for public procurement and regional innovation policy: The case of Lombardy. Research Policy, 43 (2): 438-450.

Viscusi W K, Moore M J. 1993. Product liability, research and development, and innovation. Journal of Political Economy, 101 (1): 161-184.

Wallsten S J. 2000. The effects of government-industry R&D programs on private R&D: The case of the Small Business Innovation Research program. The Rand Journal of Economics, 31 (1): 82-100.

Weber A. 1962. Theory of the Location of Industries. Chicago: University of Chicago Press.

Weng M H. 2012. Demand structure and the incentive to innovate. Mathematical Social Sciences, 63 (3): 248-251.

WIPO. 2010. WIPO Launches Tool to Facilitate Green Tech Patent Searches.

Xie Z, Li J. 2015. Demand heterogeneity, learning diversity and innovation in an emerging economy. Journal of International Management, 21 (4): 277-292.

Yu F, Guo Y, Le-Nguyen K, et al. 2016. The impact of government subsidies and enterprises' R&D investment: A panel data study from renewable energy in China. Energy Policy, 89: 106-113.

Zhang X, Zhang C. 2015. Optimal new energy vehicle production strategy considering subsidy and shortage cost. Energy Procedia, 75: 2981-2986.